海鳴社

保江邦夫
松井守男・画

甦る素領域理論
神の物理学

もくじ

葦原瑞穂追悼の言葉に代えて ……………………………………… 3

はじめに ……………………………………………………… 7

1　完全調和の真空あるいは神………………………… 15

2　完全調和の自発的破れとしての
　　　　　　　　　　　素領域と素粒子……… 19

3　量子力学と場の量子論………………………… 26

4　スカラー光子が張る素領域の被覆空間……… 29

5　時間と光速度……………………………… 33

6　水素原子………………………………… 36

7　水素原子の内部運動と量子力学…………… 41

8　波動関数の正体………………………… 50

9　形而上学的素領域理論………………… 56

10　自由意志問題と初期値問題 …………… 61

11　量子力学と観測問題………………… 65

12　フォン・ノイマンと中込照明の
　　　　　　　　　　観測問題解決策……… 74

13　素領域理論による観測問題の解決 ……… 82

14　抽象的自我とは何か …………………… 93

15　神による統御と非局所性 ……………………100

16　時間と宇宙森羅万象方程式 ………………109

17　今から見た過去と未来………………… 115

18　霊魂とモナド ………………………… 119

19　生命の本質 ………………………………128

20　モナドと生命 …………………………133

21　愛や祈りによる治療のメカニズム ………144

おわりに　残すは合気完全解明のみ　…………151

謝辞 ……………………………………… 154

付録　モナド論的あるいは情報機械的世界モデル
　　　と量子力学（数理的考察）………………
　　　……………………………… 中込照明　157

松井守男

　1942 年、豊橋市生まれ。武蔵野美術大学造形学部油絵科
を卒業。フランス政府給費留学生として渡仏。ピカソとの出
会いに大きな影響を受ける。フランスの至宝と称されている。
　代表作『遺言』によって細かなタッチを面相筆で大画面に
重ねて描く画境を確立。精神・生命・光を発する抽象画は、
真のオリジナリティとして高い評価を得る。フランス政府よ
り 2000 年芸術文化勲章、2003 年レジオン・ドヌール勲章
を受章。コルシカ在住。

葦原瑞穂追悼の言葉に代えて

　葦原瑞穂という正体不明の人物による『黎明』（太陽出版）という著作について初めて知らされたのは、今から五年ほど前のことだった。当時東京大学医学部教授であり、『人は死なない』（バジリコ）というセンセーショナルなタイトルの著書を上梓したばかりの矢作直樹先生が『黎明』の愛読者だったことから、その存在を知ることができたのだ。直にお会いする前からそのお人柄に強く感銘した僕は、矢作先生がそこまで傾倒する『黎明』を一度読んでおこうと考え、上下二巻を取り寄せた。上巻の最初から初めて読み進んだときの印象は、今でも脳裏に焼き付いたままになっている。

　著者自身が「読み飛ばしてもかまわない」と記している、現代物理学における物質観を詳細に解説している第二章において、ここまで奥深い内容を物理学的な正確さを壊すことなく平易に誰もが正しく理解できるように記述していることには、大いに驚かされたものだ。僕の知るかぎりでは、素粒子論を専攻する日本の理論物理学者の中で、その難解な内容をここまで見事に噛み砕いて語れる人物は数人しかいないのだが、彼らの誰かが「葦原瑞穂」というペンネームを使って『黎明』を完成させたとは考えられなかった。何故なら、現代物

理学的宇宙観に続いて展開される、「普遍意識」を基礎に置いた人間存在に秘められた特異な精神活動の数々についてのこれまた膨大な論考は、とても一介の物理学者の力の及ぶところではない内容となっていたのだ。

　もしこの『黎明』を本当に一人の著者が書き上げたのだとすると、葦原瑞穂なる人物は理論物理学者だけでなく脳科学者、宗教家、哲学者、思索家、精神分析医、そして芸術家の顔をすべて併せ持つ「知の巨人」だといわざるを得ない。彼あるいは彼女の前では、すでに知の巨人として出版界にもてはやされている輩も影が薄くなるほどだ。はたしてそんなスーパーマンが実在するのか大いに興味を持った僕は、幸運にもその後しばらくして葦原瑞穂本人に邂逅することができた。そしてわかったのは、まさにそのような想像を絶する「知の巨人」が本当にこの世に存在するということだった。それから四年ほどが経つが、その間の交流で気づくことができたのは、もし僕になんらかこの「知の巨人」のお手伝いをすることができるとしたら、唯一つのことだけということ。それは、ファインマン図や超紐理論など現代物理学の主流の道具立てを意識したために彼が言及することができなかった、根底に巣くう「自由意志問題」や「観測問題」の悪夢から現代物理学を解き放つ湯川秀樹博士の「素領域理論」を『黎明』の新しい第二章として提示させていただくことに他ならない。

　とはいえ、いささか手を広げすぎてしまった感のある僕のスケジュールに、ゆっくりと構想を練るための空き時間を見つけることもままならない。結局手つかずのまま、時間

葦原瑞穂追悼の言葉に代えて

葦原瑞穂氏（左）と筆者

だけが無情にも通り過ぎていったため、本腰を入れるのは二〇一七年の三月末日で大学を定年退任し、雑用に追われる日常に終止符を打ってからだと心に決めていた。

　だが、東京の四ッ谷で対談講演させていただき、あるいは銀座四丁目交差点近くのギャラリーで何度も親しく語らせていただいた葦原瑞穂さんとは、二〇一六年九月二日の夜にそのギャラリー屋上に新たに設えられた「UFO呼ぶテラス」の落成お披露目会場で三機のUFOを呼んで下さったのを最後に、お目にかかることができなくなってしまった。ちょうど一ヶ月後の十月二日の朝九時三十八分、お一人で運転していた乗用車が中央高速道でタイヤのバーストによる制御不能のため中央分離帯や路肩に激突し、この世を去ってしまわれたのだ。その二週間後には、目黒でお会いする約束をしてい

たにもかかわらず。

　あまりにもあっけない「知の巨人」の突然の最後の報せに、納得がいかずにくすぶり続けた僕の心は、かねてより懇意にさせていただいていた大阪市内立売堀にある「サムハラ神社」に一条の光明を見た。宮司さんのご厚意で、翌十月三日の午後に「祝之祓い祝詞」を上げる「御霊送り」の儀式で葦原瑞穂さんの魂を見送らせていただいた。そして、神官がどこまでも清らかに読み上げる祝詞が厳かに響く本殿の中、僕は一つ決心をする。そう、葦原瑞穂さんの魂といってもよい労作『黎明』の第二章の内容を、「素領域理論」のより深い観点から書き直した副読本を世に出すということを。

　以上が、本書『神の物理学』出版の背景であり、願わくば読者の皆さんとともに「知の巨人」葦原瑞穂の御霊に届く声で、強く強く願いたいと思う。この安穏ならざる世界に残された我々の魂がこれ以上迷うことなきよう、どうぞ天上から温かく見護っていて下さい、と。

6

はじめに

　神の物理学——随分と大きく出たからにはよほどの革新的な物理学の理論体系が展開されるに違いない。そう直感して下さった皆さんの期待が裏切られることはない。これから読み進んでいただくのは、数式や無味乾燥な専門用語をできるだけ排しながらも、湯川秀樹博士の伝統ある理論物理学一門の天才理論物理学者達が発見した物理学基礎理論だけを用いた、文字どおり無から築き上げたこの世界の成り立ちの全貌なのだから。しかも、その中には宇宙や物質といった一般的な物理学の考察対象だけでなく、これまでは宗教や哲学といった雰囲気の中で観念的にしか言及することが許されていなかった愛や天使、さらには神や奇跡といった形而上学的な考察対象までもが含まれる。そう、これまで物理学からは最も遠いところにあると誰もが信じてきた神の存在までをも、理論物理学の基礎的枠組の中で論じることができるのだ。

　だからこそ、神の物理学と呼ぶに値することになる。

　大学や大学院の頃から僕が興味を持って学び研究してきたことは、そのときそのときには確かに互いになんの関連もない別々の理論分野だった。だが、既に還暦を回って古希という大台を意識し始め、少しは高所大所から自分の過去を振

り返ることができるようになってから気づいたのだが、実はこの僕が研究してきたことすべてが深いところで互いにつながっていたからこそ、今このときに及んで神の物理学の理論的枠組として結実することができるのだ。その意味では、僕の人生はまさに神の物理学の姿を浮き彫りにするための最短コースだったといえるし、周囲からは支離滅裂で無鉄砲極まりないと思われてきた研究内容の変遷も、最後にはこうして絶筆となりうるほどのインパクトある著作、つまり本作を残してくれる結果となった。

　人間であれば誰もがこの世界の成り立ちについて理解したいと思うだろうが、中でも特にその深淵に位置する根元的な部分に明かりをあてたいと願う有意の士にこそ、以下でご紹介する神の物理学の内容に大いに驚愕し、心から楽しんでいただきたい。

　もちろん、僕一人の力でなしえることなどほんのわずかであり、神の物理学は何人もの先輩や同輩が天賦の才を発揮して見出した物理学の基礎理論なくしては、とうていその姿さえ現してはくれなかったはずだ。特にその根本に位置する「素領域理論」を、その後欧米で注目を浴び続けている類似の「超紐理論」や「高次元膜理論」に四半世紀も先駆けて発見された故湯川秀樹博士には心より敬意を表したい。また、素領域理論の数少ない理解者として、その具体的な物理モデルを理論的に展開した故高林武彦博士にも深く感謝する。

　この宇宙の中の様々なレベルに秩序と調和に向かう流れが発生することを統一的に記述できる「自発的対称性の破れ理論」を見出した故南部陽一郎博士のおかげで、素領域理論の

中で光の存在が自然に導かれることが示されることも判明した。ここで深く感謝する次第だ。

また、故梅沢博臣博士が一生を費やして完成された場の量子論によって物理学者は初めてあらゆるスケールでの物質の存在を理論的に導くことができたのだが、その適用範囲には脳神経組織における記憶や意識の発生現象までも入っていた。記憶や意識といったそれまで物理学とは無縁のものだと考えられてきたものまでもが、物理学の理論的考察の対象になるという驚くべき事実が凝り固まった僕の思考の壁を打ち砕いてくれなかったならば、神や愛といった形而上学的なものまでをも素領域理論という物理学の根本的な基礎理論の中で論じようとは考えなかったはずだろう。そんな荒唐無稽とも思われかねない僕の議論にすら、数多くの貴重な助言を頂戴した梅沢博臣先生のご厚情を忘れることはできない。

晩年の湯川秀樹博士との交流の中ですら僕自身まったく気づくことができなかったのだが、認識をはるかに超えた目に見えない世界の存在やその現実世界への関与について湯川先生が深い考察を続けておいでだったという重要な事実を知ったのはつい一昨年のことだった。四十年ほど前に鞍馬寺で阿闍梨となるため修行中だった畑田天眞如さんが京都市内の講演会で心ない自称科学者から暴言を浴びせられたとき、本当に正しいことを伝えていたのは天眞如さんのほうだと勇気づけて下さったのが湯川秀樹博士だったという。

さらには、名古屋で知り合った僧侶から教えられたことは、湯川秀樹先生が素領域という空間の微細構造に思い至るにあたって重要な指針を与えたのが、旧制第三高等学校時代に数

学を教えた天才数学者・岡潔博士だったということ。その岡潔博士は世界に先駆けて「多変数複素関数論」を一人で築き上げた孤高の大数学者として知られるが、そこで展開された難解な定理の数々は博士が意識を失って「真理の世界」をさまようことで発見されたという。この驚くべき事実は博士の晩年の随想『春宵十話』（角川書店）や『日本のこころ』（日本図書センター）でも独白されている。そんな岡潔博士だからこそ、我々の存在を許す「空間」が無数の「愛」によってできているという事実を「真理の世界」において垣間見ていたに違いない。空間というものが「愛」の充満界であるからこそ、そこに生きる人間は「情緒」を最も大切にしなければならないという岡潔の考えに共鳴した湯川秀樹は、数学者ならばこそ許される岡潔の「愛」を理論物理学者の言葉である「素領域」に置き換え、「空間」が無数の「素領域」によって構成されているという「素領域理論」を提唱したという。

　岡潔博士が「空間」を「愛」の充満界として捉えるに至ったのは、むろん無意識下で「真理の世界」をさまよったときの発見ということもあっただろうが、生涯をとおして師事した浄土宗光明派の僧侶・山本空外和尚の教えの根底にあった思想によるものとも考えられる。岡潔は湯川秀樹に空外和尚を紹介し、自身多大な感銘を受けた湯川秀樹もまた空外和尚に師事することとなったのだが、晩年に提唱した「素領域理論」は岡潔よりもむしろ空外和尚から直接影響を受けたものだったのかもしれない。湯川秀樹博士は、自らの墓を京都東山の浄土宗総本山「知恩院」に眠る空外和尚の墓の隣に設けたほどに、空外和尚に傾倒していたのだから。

10

はじめに

知恩院にある湯川秀樹博士の墓(中央)と空外和尚の墓(左)

　湯川秀樹先生には、京都大学を退官されてからも基礎物理学研究所で定期的に開催されていた「混沌会」という湯川門下の研究会で、二回にわたって素領域理論についての僕自身の研究を湯川先生の前で解説させていただく機会があった。体調があまりすぐれない中をわざわざお顔を出してくださったのは、駆け出しの大学院生にすぎなかったこの僕がまとめた "Derivation of Relativistic Wave Equations in the Theory of Elementary Domains"(*Progress of Theoretical Physics,* Vol. 57, No. 1(1977), pp. 318-328)と題する論文に興味を持ってくださったからだと聞いた。あこがれの湯川先生を前にして緊張の極致にあったため、いったいどんなことを一時間以上も話

11

せたのかほとんど記憶にない。だが、後半になって湯川先生から「君の考えには素粒子の無個別性はどのように取り入れられるのかね？」という想定外の質問を受けたとき、苦し紛れにその当時流行っていた本のタイトルを使って「限りなく透明に近いブルーではありませんが……」とお応えしたとたん大きな声で「わっはっはっ、そうか……」と湯川先生が笑ってくださってからは、なんとか落ち着きを取り戻すことができたのも懐かしい思い出だ。

　その後すぐにスイスのジュネーブ大学理論物理学科に職を得たため日本を離れることになったのだが、スイスに行ってすぐに仕上げた素領域理論についての第二論文を印刷して、航空便で京都大学基礎物理学研究所の住所で湯川先生にお送りした。それまで幾何学的に捉えるだけだった素領域構造を初めて数学の測度論を用いて抽象的に扱い、そこに非可喚測度という新しい概念までも導入して場の量子論につきまとう発散問題を素領域理論で解決するという渾身の論文だったにもかかわらず、いつまでたっても湯川先生からのお手紙は届かなかった。不思議に思っていたところ、ジュネーブ大学理論物理学科にも湯川先生の訃報が届き、先生が天に召されたことを知らされる。お亡くなりになる前はずっと入院なさっていたため、僕がお送りした論文に目をとおしていただけるどころか、基礎物理学研究所に届いた郵便物が先生の病室に届けられる状況ではなかったのだろうと考えながら、遠い異国の地から先生のご冥福をお祈りした。

　その三年後に日本に戻ってきたのだが、たまたま量子力学の国際学会に出席していたとき声をかけてくださったの

が、確か小沼通二先生か田中正先生かのどちらかだった。わ
ざわざ僕を呼び止めたのは、僕が湯川先生にスイスからお送
りした第二論文 "A New Approach to the Theory of Elementary
Domains" (*International Journal of Theoretical Physics*, Vol. 17,
No. 12 (1978), pp. 993-1002) についての顛末を語ってくださ
るためだった。そして、あのとき基礎物理学研究所に湯川先
生宛の航空便が僕から届いていたのを見たため、これは保江
君がスイスで書いた論文が入っているのではと直感して、わ
ざわざ湯川先生の病室まで持っていってくださったという。
さらには、湯川先生はベッドに横になったままこの僕の第二
論文を読み、それを離そうとされなかったそうだ。

　この話が僕の理論物理学者として生きる自信を与えてくれ
たことは事実であり、その後の僕はこうして『神の物理学』
などという大それた題名を堂々と使える気概を蓄えることが
できたと思う。湯川秀樹先生には最大限の敬意を表してもな
お遠く及ばない恩義を感じ続けていくことになるのだが、そ
のことを大いに誇りにしたい。

　最後の、しかし最大の感謝は同期の鬼才・中込照明君に向
けたい。彼が苦節数十年の孤独な研究によって生み出した唯
心論物理学の抽象的な理論である「量子モナド理論」の緻密
極まりない数学的枠組があったからこそ、そしてそれが現代
物理学の根底に巣くっていた量子論と相対論の未解決の難問
を見事に解決したからこそ、それをすばらしい手本として形
而上学までも包含しうる素領域理論の柔軟な理論的枠組を作
り上げることができたのだから。

1
完全調和の真空あるいは神

　存在するものは完全な調和のみという状況を考え、それを「空（くう）」と呼ぼう。あるいは、禅宗・黄檗宗総本山の萬福寺本堂にある釈迦像の頭上に高々と掲げられた書にある如く、「真空（しんくう）」と呼ぶべきかもしれない（黄檗宗の開祖である隠元和尚は時の天皇より「真空大師」の名を賜った）。そこに存在するものがすべて完全調和ということは、すべてが完全に調和しているということになり、すべてはその始まりがあればその終わりに至るまであらゆることが完全に運んでいき、なに一つ狂うことはない。それが「空」あるいは「真空」と呼ばれる状況となる。

　ところで、存在が認識されうるためにはそれが周囲のものとはなんらか違ったものと映る必要がある。ところが、すべてが完全調和となっている真空の状況では、どのものもすべて完全な調和であってどのものも周囲のものとなんら違うところがないため、すべてはまったく認識されないことになる。

15

黄檗山萬福寺本堂に掲げられた「真空」

つまり、完全調和の真空においては、完全調和が存在しているにもかかわらず、そこになにも存在していない「無（む）」の状況と同じように認識されるのだ。むろん、真空と無の同一性は単に認識論においてのみ担保されているにすぎず、認識されないところにおいては異なった状況となっていることは明らかだろう。

そして、物理学における基礎理論の考察対象となるのは無ではなく真空の状況となるが、物理学自体が認識論の範疇を逸脱するものではないため、これまで真空を無と捉えてきた

16

1 完全調和の真空あるいは神

ことはやむをえないことではあった。認識されないものまでも考察するには形而上学にまで踏み込む必要があるとされた、未開の時代が長く続いたためだ。しかしながら、物理学の本質がその根底に普遍的な法則性が第一原理的に確固として存在することにあるとすれば、確かに基礎理論物理学においてこそ背後に真空の状況を深く考察していかなければならないことになる。何故ならば、物理法則こそは真空の背後にある認識できない完全調和の存在の現れなのだから。

物理学を離れ形而上学に参入するならば、完全調和のみの真空の状況はまさに神の世界、あるいは神そのものといってもよい。今後は特に誤解を生む可能性の低い場合には基礎理論物理学において「真空」を解明していくときにそれを「神（かみ）」と呼び、また真空が示す様々な性質の幾つかを「神意」や「愛」あるいは「情緒」などと表すことがある。

むろん様々な宗教においても同様に「神」と呼ばれ、あるいは「大御空（おおみそら）」と呼ばれる存在もまた真空であり、全知全能の完全な唯一存在として直感的に捉えられてきたことは人類社会の史実が物語っている。そこにおいて、真空の背後に潜む認識できない完全調和の存在の現れは普遍的自然現象や物理法則をも超越した「奇跡（きせき）」あるいは「秘蹟（ひせき）」と呼ばれる特異現象として位置づけられてきたが、そのためにそれ以上の深い考察はなされてこなかったのも事実。

従って、このような特異現象を解明することができる枠組があるとすれば、真空を無でなく完全調和のみが存在するものだと正しく把握し記述することができる真の物理学基礎理

17

論をおいて他にない。それは「神の物理学」と呼ぶに値するものだが、そのような表現に抵抗を感じる場合には単に文字どおり「真空の物理学」と解していただければよいだろう。

　以下において構築するのは完全調和のみが存在する真空においていかにして「空間」が生まれ、その空間の中に宇宙森羅万象の物理現象が生じてきたかを統一的に論じることができる、湯川秀樹博士の素領域理論に立脚した「神の物理学」に他ならない。

2

完全調和の自発的破れとしての
素領域と素粒子

　完全調和のみが存在するためにそこになにも認識すること
ができなくなっている真空に存在する完全調和が、一部で自
発的に破れることがあるとしよう。その場合、自発的破れが
誘起されるためには完全調和の中のエネルギー分布になんら
かの差違が生まれ、そのエネルギー傾斜の方向にエネルギー
の偶発的流入が発生していると見ることができる。つまり、
完全調和の自発的破れの最小単位は一つの指向性を持ってい
ることになり、数学的には線分のような1次元の存在と考
えることができる。

　真空の中にこのような完全調和の自発的破れが生じると
き、場合によっては複数の自発的破れが同時に発生すること
がある。2個の自発的破れが同時に発生するとき、二つの指
向性を持つ形態として数学的には平面領域のような2次元
の存在と考えられるし、3個の自発的破れが同時に発生する
ときには立体領域のような3次元の存在と考えられる。さ
らには4個の自発的破れが同時に発生する場合には4次元、

19

5 個が同時に発生する場合には 5 次元、等々といって極論すれば無限個の自発的破れが同時に発生する無限次元の存在となることも考えうる。

　元々の完全調和の自発的破れが生じる確率は非常に小さいと考えられるため、このように複数の自発的破れが同時に発生する事象は確率論のポワソン分布に従うことが知られている。この場合、同時に発生する自発的破れの個数が 3 個となることが最も確からしいことになることは、滅多に墜落しない飛行機が一度墜落したなら、どこかで続いて 2 機程度の飛行機が墜落するという現象と同じ確率法則のなせる業に他ならない。つまり、真空の中に生じる完全調和の自発的破れの大多数は泡の如き 3 次元の立体領域の形を取ることになるが、その 3 次元の自発的破れの各々を「素領域」と呼ぶ。

　もちろん素領域の他にも 1 次元、2 次元の自発的破れや、4 次元、5 次元といった高次元の自発的破れも真空の中にある程度は生じるわけで、そのような少数派についても考察が及ぶ場合にはそれぞれを「1 次元素領域」、「2 次元素領域」、さらには「4 次元素領域」、「5 次元素領域」あるいは「高次元素領域」などと呼ぶこともある。そのようなときに「素領域」をあえて「3 次元素領域」と呼ぶのは自然なことだろう。真空の中に生じる多次元の自発的破れの中で圧倒的に多いものが 3 次元素領域ということで、それを簡単に「素領域」と呼ぶのだと考えてもよい。当面は 3 次元素領域のみを考察していくため、それを単に素領域としておく。

　こうして真空の中に生じた自発的破れとしての素領域の全体を「宇宙空間」あるいは「空間」と呼ぶ。即ち、「空間」

2 完全調和の自発的破れとしての素領域と素粒子

の構成要素が「素領域」に他ならない。

　真空の中を満たしていた完全調和が自発的に破れたものが素領域として現れるわけだが、そもそも真空は完全調和のみが存在する完全無欠な状況にあったため、そのごく一部に完全調和の自発的破れが生じたときにはその破れた完全調和が速やかに復旧するような流れが生まれることになる。理論物理学において「南部・ゴールドストーンの定理」と呼ばれる性質がそれだが、自発的破れを復旧するために発生する流れは「ゴールドストーン粒子」と呼ばれている。

　換言するならば、真空において完全調和の自発的破れとして生じた素領域にゴールドストーン粒子が発生することで完全調和の破れが復旧することになり、真空が元々持っていた完全調和の状態が全体として保たれることになる。形而上学的素領域理論においては、このゴールドストーン粒子のことを「復元エネルギー」と呼ぶ。この復元エネルギーには単にエネルギーとしての、つまり自発的破れを復旧する仕事量としての大小関係が想定されるだけでなく、3次元の広がりとして存在するようになった素領域が実は高度に複雑な2次元断面を持つような場合には、なんらかの内部幾何学的な自由度を表す変数関係も想定される。そのため、前者のみが想定される復元エネルギーを「スカラーエネルギー」、後者が想定される復元エネルギーを「スピノールエネルギー」と呼んで区別することがある。

　例えばゴム風船の内部のような単純な3次元の広がりを示す素領域内部では三百六十度の回転によって完全に元の状態に戻るのだが、ゴム風船のゴムに外から右腕を押し込んだ

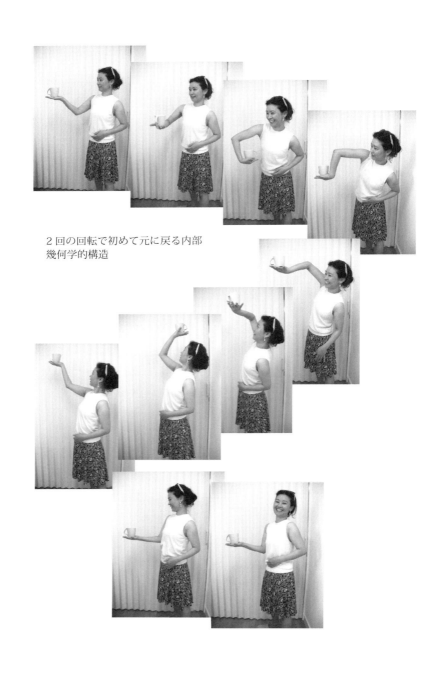

2回の回転で初めて元に戻る内部幾何学的構造

2 完全調和の自発的破れとしての素領域と素粒子

　内部幾何学的な構造がある場合には掌を三百六十度回転させ
ただけでは元の状態に戻らず、さらに三百六十度回転させる、
つまり七百二十度回転させることでやっと元の状態に戻る。
このように一回だけ回転させたのでは元に戻らず、二回回転
させてやっと元に戻るものは数学的には「回転群の２価表現」
となっているのだが、数学ではそれを「スピノール」と呼ん
でいる。素領域の復元エネルギーが内部幾何学的な構造を生
むようなとき、それを「スピノールエネルギー」と呼ぶのは
このような数学的な理由からに他ならない。

　復元エネルギーの実体は真空における完全調和が自発的に
破れた部分を再び完全調和へと復旧する性向であるため、復
元エネルギーは自発的破れが生じている部分である素領域に
しか存在できない。ただし、真空の中に完全調和の自発的破
れとして素領域が多数発生している場合には、一つの素領域
から他の素領域へと転移することも考えられる。このように
素領域から素領域へと跳び移っていく復元エネルギーを、素
領域理論においては物質の最小構成単位である「素粒子」だ
と考える。素粒子にヒッグス粒子、電子、クォーク、光子、
ニュートリノ、グルーオンなどの区別があるのは、素領域か
ら素領域へと跳び移る復元エネルギーにスカラーエネルギー
やスピノールエネルギーなどの区別があるためだ。

　形而上学的素領域理論においてもこの考えを踏襲するが、
素領域から素領域へと転移する復元エネルギーがスカラーエ
ネルギーであるときそれを「スカラー粒子」と呼び、スピノー
ルエネルギーであるとき「スピノール粒子」と呼ぶことがあ
る。両者を区別しないときには単に「素粒子」と呼ぶ。

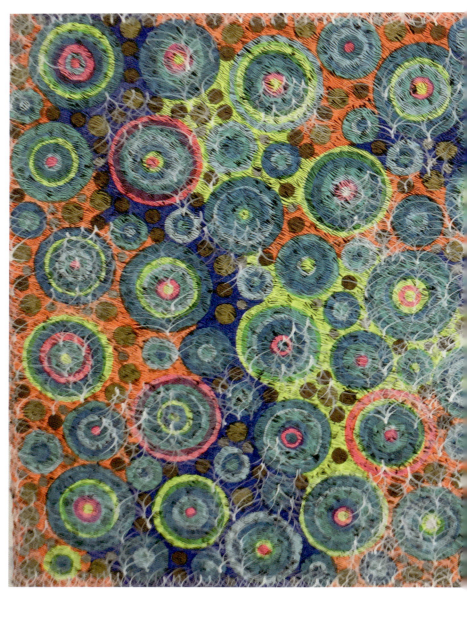

Universe(3), 2016年, 60F号(97 × 130cm), 油彩 キャンバス, (京都 大原三千院・所蔵), ©morio matsui

3

量子力学と場の量子論

.

　真空の中に発生した完全調和の自発的破れである素領域で生じる復元エネルギーとしての素粒子は、他の素領域へと転移する場合に「運動状態」にあるという。素粒子の運動状態を記述する手法には二種類の異なったものがあるが、第一の手法では運動状態にある素粒子に常に着目してそれがどの素領域からどの素領域へと転移していくのかを順を追って記述する。着目する素粒子を台風に譬えるならば、台風の目と呼ばれる中心部に留まり台風と共に洋上を飛行する伴走観測用の大型飛行機で台風を追っていく手法と考えてもよい。

　着目し始めてからの転移の順番を0番、1番、2番、3番のように自然数 n で指し示すことにすれば、素粒子の運動状態は最初に着目したときにその復元エネルギーがあった素領域を ξ_0、1番目に転移した先の素領域を ξ_1、2番目に転移した先の素領域を ξ_2、3番目に転移した先の素領域を ξ_3 などとし、n 番目に転移した先の素領域を ξ_n として、転移先の素領域の系列

$$X = \{\xi_0, \xi_1, \xi_2, \xi_3, \cdots, \xi_n, \cdots\}$$

によって表される。これを素粒子の運動経路と呼ぶ。素粒子の運動をその運動経路に着目して記述する理論的枠組は「量子力学」と呼ばれる。

復元エネルギーとしての素粒子が素領域の間を転移していく運動状態を記述する第二の手法は、一つの素粒子に着目してそれがどの素領域へと順次転移していくかを追うのではなく、それぞれの素領域に着目しそこに素粒子が存在するか存在しないかを順次記述していくことになる。これは素粒子を台風に譬えたときに、地上の各地に置かれたそれぞれの気象観測所の上空に台風が来ているかいないかを調べる定点観測の手法と考えてよい。

真空の中に生じた3次元の素領域の数は高々可算無限個であるため、その全体を集合

$$\Xi = \{\Xi_0, \Xi_1, \Xi_2, \Xi_3, \cdots, \Xi_n, \cdots\}$$

として記述する。このとき各素領域 $\Xi_n (n = 0, 1, 2, 3, \cdots)$ に存在する素粒子の数を $N(\Xi_n)$ とすれば、素粒子の運動状態は数列

$$N = \{N(\Xi_0), N(\Xi_1), N(\Xi_2), N(\Xi_3), \cdots\}$$

の変化を追うことによって可能となる。むろん、復元エネルギーとしての素粒子が一種類ではなく何種類かの形態で区別される場合には、例えば形態Aの素粒子の種類を区別する添え字 a を導入し、形態A毎にその素粒子の運動状態を数列

$$N_a = \{N_a(\Xi_0), N_a(\Xi_1), N_a(\Xi_2), N_a(\Xi_3), \cdots\}$$

の変化として捉えることができる。これを素粒子Aの運動断面と呼ぶ。

素粒子の運動をその運動断面の変化として記述する理論的枠組は「場の量子論」と呼ばれるが、素粒子の数が変動したり無数の素粒子の運動を解析する場合には「量子力学」ではなく「場の量子論」を用いることになる。つまり高エネルギー現象を記述することができるのが場の量子論であり、量子力学は現象に関与する素粒子の種類も数も少なく、かつ変動しない低エネルギー現象に限って有効な限定的枠組と理解すべきだろう。とはいえ、真空の中に発生した完全調和の自発的破れである素領域で生じる復元エネルギーとしての素粒子が数個程度の、低エネルギー現象における個々の素粒子の運動状態を詳細に見ておくには量子力学の使用が適切となる。

4
スカラー光子が張る素領域の被覆空間

　真空の中を満たしていた完全調和が自発的に破れたものが素領域として現れ、その素領域の中に発生し破れた完全調和を復旧するエネルギーが様々な素粒子に他ならなかった。そのような素粒子の中でもスカラー光子と呼ばれるスカラー粒

Bonheur（幸せ），2013 年，215 × 1000㎝，油彩 キャンバス，
©morio matsui

子は、我々が素領域の全体としての「空間」を幾何学的な3次元空間として認識する根拠を与えている。素領域から素領域へと転移する復元エネルギーがスカラーエネルギーであるときそれを「スカラー粒子」と呼ぶのだったが、様々なスカラー粒子の中でも一つの素領域に滞在する確率が最も小さいものを「スカラー光子」と呼ぶ。このスカラー光子は、我々が「光」と呼んでいるものの構成要素の一つでもある。

真空の中に存在する素領域の全体は集合

$$\Xi = \{\Xi_0, \Xi_1, \Xi_2, \Xi_3, \cdots, \Xi_n, \cdots\}$$

として表された。このとき任意の二つの素領域 Ξ_n と Ξ_m の間を1個のスカラー光子が運動するとき、その運動を形成するために要する素領域間の転移の回数の最小値を

$$d(\Xi_n, \Xi_m)$$

とする。これは、二つの素領域 Ξ_n と Ξ_m の間の「距離」と呼ばれ、

$$d(\Xi_n, \Xi_m) = 0$$

となるのは $\Xi_n = \Xi_m$ のときに限り、一般には

$$d(\Xi_n, \Xi_m) > 0$$

となる。さらに任意の三つの素領域 Ξ_n, Ξ_m, Ξ_p に対して三角不等式

$$d(\Xi_n, \Xi_p) + d(\Xi_p, \Xi_m) \geqq d(\Xi_n, \Xi_m)$$

が成り立つ。

真空の中に存在する素領域の全体集合

$$\Xi = \{\Xi_0, \Xi_1, \Xi_2, \Xi_3, ..., \Xi_n, ...\}$$

は、このように素領域間のスカラー光子と呼ばれる素粒子の運動を基にして各要素間に距離を定義することによって、数

4 スカラー光子が張る素領域の被覆空間

学的には「距離空間」として捉えることが可能となる。高々
可算無限個の素領域を要素とする集合 Ξ は離散集合であり、
それを距離空間として見る場合には素領域間の距離を数学
的な 3 次元ユークリッド空間における距離と見なすことで、
各素領域を互いに重なりがないように 3 次元ユークリッド
空間の中に幾何学的に張り巡らせることができる。この 3
次元ユークリッド空間はスカラー光子が張る素領域の被覆空
間と呼ばれる。

　実際のところ、我々の周囲に広がった立体空間の中に我々
自身が存在し、その中を移動することができていると認識し
ている立体空間は、このスカラー光子が張る素領域の被覆空
間である 3 次元ユークリッド空間をイメージしたものに他
ならない。その意味で、古くから哲学者等によって得られて
いた「空間は光によって張られている」という素朴な直感は、
素領域理論から見ても大きくは外れていない。

　すべての素領域をスカラー光子が張る被覆空間の中で捉え
るならば、素領域から素領域へと転移していく素粒子の運動
経路

$$X = \{\xi_0, \xi_1, \xi_2, \xi_3, \cdots, \xi_n, \cdots\}$$

もまた、被覆空間である 3 次元ユークリッド空間の中に投
影された軌跡として捉えることができる。3 次元ユークリッ
ド空間においては、通常の立体幾何学で用いられる直交座標
系 O_{xyz} を任意の原点 O について想定することができるため、
素粒子の運動経路にある素領域 ξ_n を直交座標系 O_{xyz} での位
置座標 (X_n, Y_n, Z_n) で表すことができる。この位置座標は原点
O を起点とする 3 次元ベクトルの 3 成分と見なすこともで

31

きるが、このような3次元ベクトルは素領域 ξ_n の位置ベクトルと呼ばれ

$$\boldsymbol{X}_n = (X_n, Y_n, Z_n)$$

と記される。

　結局のところ、我々の空間認識が光による視覚認識に強く依存しているため、我々が素粒子の運動を認識するときその運動経路 X をスカラー光子が張る被覆空間としての3次元ユークリッド空間の中に投影し、それを解析する場合には位置ベクトルの系列

$$\boldsymbol{X} = \{\boldsymbol{X}_0, \boldsymbol{X}_1, \boldsymbol{X}_2, \boldsymbol{X}_3, \cdots, \boldsymbol{X}_n, \cdots\}$$
$$= \{(X_0, Y_0, Z_0), (X_1, Y_1, Z_1), (X_2, Y_2, Z_2), (X_3, Y_3, Z_3), \cdots,$$
$$(X_n, Y_n, Z_n), \cdots\}$$

として、それらの位置座標 (X_n, Y_n, Z_n) の変動に着目することになる。

32

5

時間と光速度

　1個の素領域に滞在する確率が最も小さい「スカラー粒子」は「スカラー光子」と呼ばれ、「光子」と呼ばれる「光」の素粒子の一種に他ならない。このスカラー光子は素領域の集合の中に「距離」の概念を導入するときの基本となり、それによって素領域の集合は「光」が張る被覆空間としての3次元ユークリッド空間の中に埋め込むことができたのだ。

　この「スカラー光子」は素領域の集合である我々が存在する「宇宙空間」の中に「距離」を定めるときの基本になるだけでなく、さらには我々が感じる「今」が不可避的に被る「時刻」を定める場合の基礎も与えてくれる。その意味で、「スカラー光子」を「クロノン」とか「時子（じし）」と呼ぶことも多い。

　それぞれの素領域の外側は完全調和であるため、その「一つに統一された完全調和」に接して存在しているすべての素領域は、完全に一つに同期される。特に、どれか一つの素領域に存在しているスカラー光子、つまり「クロノン」が他の

素領域に転移していくためにその素領域に存在しなくなった
とき、すべての素領域は完全に一つに同期されているため「ど
こかの素領域からクロノンが一つ消えた」影響を例外なく一
律に受けることになる。これがすべての素領域が完全に一つ
に同期されるからくりを与えているが、このときすべての素
領域が一律に受ける影響を「時刻」ないしは「時の刻み」と
呼ぶ。

　即ち、「空間」の構成要素である「素領域」のどれかから「ク
ロノン」が消え去る毎に、すべての素領域は完全に同期され
た影響を一律に受けるのだが、これが「時刻」としての「時
の刻み」を「今」に与えている。どう転んでも「時の刻み」
は自分以外の存在によって勝手に与えられていると感じるの
は、自分以外の存在を許している素領域のほうが自分の存在
を許している素領域の数よりも圧倒的に多いため、「クロノ
ン」が消えて「時を刻む」素領域も自分以外の存在を許して
いる素領域となっている場合がほとんどであるためだと理解
できる。

　こうして、素領域の集合である「空間」には「スカラー光子」
つまり「クロノン」によって「距離」の概念が導入されるだ
けでなく、同時にすべての素領域が「今」の状態から一律に
影響を受けて「時を刻む」ように変化することで「時間」の
概念が導入されたわけだ。スカラー光子以外の素粒子はすべ
て素領域における滞在確率がスカラー光子の滞在確率よりも
大きいため、「今」が「時を刻む」影響を受けるときに転移
する先の素領域はスカラー光子が転移する先の素領域よりも
「距離」が近い素領域に限定されることになる。換言すれば、

5　時間と光速度

この「宇宙空間」においては「光」よりも早い速度で「空間」の中を移動することはできないわけだが、この事実を原理として仮定したものがアインシュタインの「相対性理論」に他ならない。

　つまり、湯川秀樹博士の素領域理論はアインシュタインの相対性原理の基礎を与える、より深いレベルの物理理論だと評価することができる。

6

水素原子

　陽子と呼ばれる種類の素粒子が1個と電子と呼ばれる種類の素粒子が1個ある状況を考えよう。着目し始めてからの転移の順番を0番、1番、2番、3番のように自然数nで指し示すことで、陽子の運動状態は最初に着目したときにその復元エネルギーがあった素領域をξ_0、1番目に転移した先の素領域をξ_1、2番目に転移した先の素領域をξ_2、3番目に転移した先の素領域をξ_3などとし、n番目に転移した先の素領域をξ_nとして、転移先の素領域の系列

$$X=\{\xi_0, \xi_1, \xi_2, \xi_3, \ldots, \xi_n, \ldots\}$$

によって表される。これが陽子の運動経路となる。同様にして、電子の運動経路は転移先の素領域の系列

$$x=\{\eta_0, \eta_1, \eta_2, \eta_3, \ldots, \eta_n, \ldots\}$$

によって記述される。

　陽子と電子の運動状態を詳細に記述するためには、それぞれの運動経路を光子が張る素領域の被覆空間としての3次元ユークリッド空間における位置ベクトルの系列

36

6 水素原子

$$\boldsymbol{X} = \{\boldsymbol{X}_0, \boldsymbol{X}_1, \boldsymbol{X}_2, \boldsymbol{X}_3, \cdots, \boldsymbol{X}_n, \cdots\}$$
$$= \{(X_0, Y_0, Z_0), (X_1, Y_1, Z_1), (X_2, Y_2, Z_2),$$
$$(X_3, Y_3, Z_3), \cdots, (X_n, Y_n, Z_n), \cdots\}$$
$$\boldsymbol{x} = \{\boldsymbol{x}_0, \boldsymbol{x}_1, \boldsymbol{x}_2, \boldsymbol{x}_3, \cdots, \boldsymbol{x}_n, \cdots\}$$
$$= \{(x_0, y_0, z_0), (x_1, y_1, z_1), (x_2, y_2, z_2),$$
$$(x_3, y_3, z_3), \cdots, (x_n, y_n, z_n), \cdots\}$$

として、それらの位置座標 (X_n, Y_n, Z_n) と (x_n, y_n, z_n) の変動に着目することになる。陽子の質量を M、電子の質量を m とするとき、両者の重心の位置座標は

$$(R_n, P_n, Q_n) = \frac{M}{M + m}(X_n, Y_n, Z_n) + \frac{m}{M + m}(x_n, y_n, z_n)$$

によって表される。電子の位置座標と重心の位置座標との差違

$$(x_n, y_n, z_n) - (R_n, P_n, Q_n) = \frac{M}{M + m}(x_n - X_n, y_n - Y_n, z_n - Z_n)$$

は陽子の位置から見た電子の相対位置を表す相対座標

$$(r_n, p_n, q_n) = (x_n - X_n, y_n - Y_n, z_n - Z_n)$$

に比例している。

従って、陽子と電子の運動状態を記述することをそれぞれの位置ベクトルの系列 $\boldsymbol{X}$ と $\boldsymbol{x}$ の代わりに、両者の重心位置ベクトルの系列

$$\boldsymbol{R} = \{\boldsymbol{R}_0, \boldsymbol{R}_1, \boldsymbol{R}_2, \boldsymbol{R}_3, \cdots, \boldsymbol{R}_n, \cdots\}$$
$$= \{(R_0, P_0, Q_0), (R_1, P_1, Q_1), (R_2, P_2, Q_2), (R_3, P_3, Q_0), \cdots,$$
$$(R_n, P_n, Q_n), \cdots\}$$

と陽子から見た電子の相対位置ベクトルの系列

$$\boldsymbol{r} = \{\boldsymbol{r}_0, \boldsymbol{r}_1, \boldsymbol{r}_2, \boldsymbol{r}_3, \cdots, \boldsymbol{r}_n, \cdots\}$$

$$= \{(r_0, p_0, q_0), (r_1, p_1, q_1), (r_2, p_2, q_2), (r_3, p_3, q_0), \cdots,$$
$$(r_n, p_n, q_n), \cdots\}$$

を用いてもよい。

　1 個の陽子と 1 個の電子のみが存在する状況においては、$+e$ の電荷を持つ陽子と $-e$ の電荷を持つ電子がクーロン力によって引き合うことで連結した複合系を構成することになるが、それは水素原子と呼ばれる。そうすると水素原子の運動状態は上記の重心位置ベクトルの系列 R と相対位置ベクトルの系列 r によって記述されることになるが、この水素原子以外にはなにも存在しないため水素原子の運動に何らか影響を与える因子はなく、従ってその重心位置ベクトルの系列は「等速直線運動」を示すことになる。即ち、水素原子が 1 個だけ存在する場合には重心位置に合成質量 $M+m$ の水素原子があって他からは何の影響も受けない「自由運動」をしていると考えることができる。

　換言すれば 1 個の陽子と 1 個の電子だけがクーロン力によって互いに引き合いながら運動している状況は、1 個の水素原子が他からは何ら影響を受けない自由運動と見なすことができる。他からの影響が皆無であれば、水素原子の運動においては「加速度」は 0 となる。即ち重心位置ベクトルの系列

$$R = \{R_0, R_1, R_2, R_3, \cdots, R_n, \cdots\}$$
$$= \{(R_0, P_0, Q_0), (R_1, P_1, Q_1), (R_2, P_2, Q_2), (R_3, P_3, Q_3), \cdots,$$
$$(R_n, P_n, Q_n), \cdots\}$$

で表される重心運動の加速度は常に 0 に保たれ、従ってその速度は常に一定に保たれることになる。

6　水素原子

　速度が一定な運動は「等速直線運動」と呼ばれ一定方向に一定の早さで動く運動状態を表しているが、水素原子を構成する陽子と電子が素領域から素領域へと転移する素粒子であることから、素領域間の転移に伴う微細な揺らぎ変動を伴っている。そのため実際の水素原子の運動経路を光子が張る素領域の被覆空間としての 3 次元ユークリッド空間における位置ベクトルの系列として捉える場合、それは厳密な等速直線運動ではなく等速直線運動に微細な揺らぎを伴った運動経路として反映されるが、そのような揺らぎを伴った運動経路は一般に「確率変動経路」とか「確率過程」と呼ばれる。

　3 次元ユークリッド空間に投影された水素原子の重心運動が示す単位時間あたりの微細なゆらぎは、水素原子を構成する陽子や電子が素領域から素領域へと幾度となく転移していく動きの合成の中から生まれてくるため、確率論における「中心極限定理」により平均値が 0 の「正規分布」に従う確率変動となる。平均値が 0 の正規分布は「分散」の大きさで特徴づけられるが、水素原子の重心運動経路が厳密な等速直線運動からずれる大きさとしての揺らぎの分散は単位時間あたり水素原子の質量 $\mu = M + m$ に反比例する値 $V = h / 2\mu$ となる。比例定数 h はプランク定数を 2π で割った値で、ディラック定数と呼ばれる。

　3 次元ユークリッド空間の中の等速直線運動は「速度ベクトル」が一定の定数ベクトル $\boldsymbol{b} = (b_x, b_y, b_z)$ となり、時間が $\Delta t > 0$ だけ変動するときに位置ベクトル $\boldsymbol{x} = (x, y, z)$ が

$$\Delta \boldsymbol{x} = \boldsymbol{b}\Delta t$$

だけ変動する。これに対して、3 次元ユークリッド空間に投

39

影された水素原子が示す重心運動は、このような等速直線運動に単位時間あたり $V = h \diagup 2\mu$ の分散を持つ平均が 0 の正規分布に従う「確率変数」としての揺らぎが加わったものとなる。後者は拡散定数が V の平方根で与えられる標準拡散増分と呼ばれ $\boldsymbol{B}(\varDelta t)$ と記されるが、これにより他からなんら作用を受けていない水素原子の重心運動を３次元ユークリッド空間に投影した位置ベクトルの系列

$$\boldsymbol{R} = \{\boldsymbol{R}_0, \boldsymbol{R}_1, \boldsymbol{R}_2, \boldsymbol{R}_3, \cdots, \boldsymbol{R}_n, \cdots\}$$
$$= \{(R_0,\ P_0, Q_0), (R_1, P_1, Q_1), (R_2, P_2, Q_2), (R_3, P_3, Q_3), \cdots,$$
$$(R_n, P_n, Q_n), \cdots\}$$

においては

$$\varDelta\boldsymbol{R} = \boldsymbol{b}\varDelta t + \boldsymbol{B}(\varDelta t)$$

によって重心位置ベクトルの変動

$$\varDelta\boldsymbol{R} = \boldsymbol{R}_{n+1} - \boldsymbol{R}_n$$
$$= (R_{n+1}, P_{n+1}, Q_{n+1}) - (R_n, P_n, Q_n)$$

が与えられる。

7

水素原子の内部運動と量子力学

　陽子と電子の運動状態を両者の重心位置ベクトルの系列

$$\boldsymbol{R} = \{\boldsymbol{R}_0, \boldsymbol{R}_1, \boldsymbol{R}_2, \boldsymbol{R}_3, ..., \boldsymbol{R}_n, ...\}$$

$$= \{(R_0, P_0, Q_0), (R_1, P_1, Q_1), (R_2, P_2, Q_2), (R_3, P_3, Q_3), ...,$$

$$(R_n, P_n, Q_n), ...\}$$

と、陽子から見た電子の相対位置ベクトルの系列

$$\boldsymbol{r} = \{\boldsymbol{r}_0, \boldsymbol{r}_1, \boldsymbol{r}_2, \boldsymbol{r}_3, ..., \boldsymbol{r}_n, ...\}$$

$$= \{(r_0, p_0, q_0), (r_1, p_1, q_1), (r_2, p_2, q_2), (r_3, p_3, q_3), ...,$$

$$(r_n, p_n, q_n), ...\}$$

によって記述するとき、前者を水素原子の並進運動、後者を
水素原子の内部運動と呼ぶ。

　$+e$ の電荷を持つ陽子と $-e$ の電荷を持つ電子がクーロン
力によって引き合うことで連結した複合系が水素原子と呼ば
れたが、水素原子の運動状態は前節で見た重心位置ベクトル
の系列 $\boldsymbol{R}$ が記述する並進運動と、相対位置ベクトルの系列
$\boldsymbol{r}$ によって記述される内部運動によって規定されることにな
る。この内部運動は質量 m を持つ電子が重心位置の周りを

運動している状況を表すのではなく、換算質量

$$m' = \frac{mM}{M + m} = \frac{mM}{\mu}$$

を持つ電子が陽子の位置を原点として相対位置ベクトルの系列 r で示されるところを運動する状況を表している。

　ただし、電子の質量は陽子の質量に比べて非常に小さいため、換算質量 m' は近似的に電子の質量そのものに等しいと考えてもよい。即ち、

$$m' = m$$

となる。

　水素原子の内部運動については、それを初めて正確に記述しえたのはオーストリア生まれの物理学者エルヴィン・シュレーディンガーであり、1926 年に論文を公表している。その切り口は大変に斬新であり、当時の物理学者が誰一人として見ることはおろか想像だにできなかった水素原子の内部にまで思考を押し進めた、人類の金字塔ともいえる内容だ。そこでは、相対位置ベクトルの系列

$$\begin{aligned} r &= \{r_0, r_1, r_2, r_3, \ldots, r_n, \ldots\} \\ &= \{(r_0, p_0, q_0), (r_1, p_1, q_1), (r_2, p_2, q_2), (r_3, p_3, q_3), \ldots, \\ &\qquad (r_n, p_n, q_n), \ldots\} \end{aligned}$$

によって記述される水素原子の内部運動については、運動エネルギーと位置エネルギーの総和で与えられる全エネルギーの長時間平均が極小値を取るという物理的な条件が仮定された。

　相対位置ベクトルの変動は重心位置ベクトルの変動

7　水素原子の内部運動と量子力学

$$\varDelta \boldsymbol{R} = \boldsymbol{R}_{n+1} - \boldsymbol{R}_n$$
$$= (R_{n+1}, P_{n+1}, Q_{n+1}) - (R_n, P_n, Q_n)$$

のように等速直線運動に空間の素領域構造に由来する揺らぎが加わった形

$$\varDelta \boldsymbol{R} = \boldsymbol{b}\varDelta t + \boldsymbol{W}(\varDelta t)$$

とはならず、より複雑に速度が変化する形

$$\varDelta \boldsymbol{r}_n = \boldsymbol{b}(\boldsymbol{r}_n)\varDelta t + \boldsymbol{W}(\varDelta t)$$

となると想定されるが、この速度の変動

$$\boldsymbol{b}(\boldsymbol{r}_n)$$

を定める物理的な条件を誰も見出すことができなかった。ここで $\boldsymbol{W}(\varDelta t)$ は拡散定数が $v = h / 2m$ の平方根で与えられる標準拡散増分である。それを最初に発見したのがシュレーディンガーであり、それは相対運動についての速度ベクトル $\boldsymbol{b}(\boldsymbol{r}_n)$ によって求められる運動エネルギー

$$K_n = \frac{1}{2} m |\boldsymbol{b}(\boldsymbol{r}_n)|^2$$

と位置エネルギー

$$P_n = \frac{e^2}{|\boldsymbol{r}_n|} = V(\boldsymbol{r}_n)$$

の総和で与えられる全エネルギー

$$E_n = K_n + P_n$$

の長時間平均

$$E = \lim_{n \to \infty} \frac{1}{n} \sum_{k=0}^{n} \langle E_k \rangle$$

が極小値を取るという条件だった。

　3次元ユークリッド空間に投影された水素原子の内部運

動、即ち陽子を座標原点として見た電子の相対位置ベクトル
の時間変動 $\Delta \boldsymbol{r}(t) = \boldsymbol{r}(t + \Delta t) - \boldsymbol{r}(t)$ を

$$\Delta \boldsymbol{r}(t) = \boldsymbol{b}(\boldsymbol{r}(t))\,\Delta t + \boldsymbol{W}(\Delta t)$$

に従う確率過程として捉えるならば、上記の全エネルギーの
長時間平均が極小値を取るという条件はベクトル値関数

$$\boldsymbol{b} = \boldsymbol{b}(\boldsymbol{r})$$

の汎関数

$$J = J[\boldsymbol{b}]$$

$$= \lim_{T \to \infty} \frac{1}{T} \int_0^T \left\langle \frac{m}{2} \left| \boldsymbol{b}(\boldsymbol{r}(t)) \right|^2 + V(\boldsymbol{r}(t)) \right\rangle dt$$

に対する停留条件

$$\delta J = J[\boldsymbol{b} + \delta\boldsymbol{b}] - J[\boldsymbol{b}] = 0$$

に等しくなる。ここで水素原子の内部運動を表す確率過程が
密度関数

$$\rho = \rho(\boldsymbol{r}) = |u(\boldsymbol{r})|^2$$

で与えられる定常確率分布を持つと仮定すれば、相対運動に
ついての速度ベクトル $\boldsymbol{b}(\boldsymbol{r}(t))$ は

$$\boldsymbol{b}(\boldsymbol{r}(t)) = \frac{\hbar}{m} \frac{\nabla u(\boldsymbol{r}(t))}{u(\boldsymbol{r}(t))}$$

のように関数

$$u = u(\boldsymbol{r})$$

で表される。このとき、全エネルギーの長時間平均を与える
汎関数 J を関数 $\boldsymbol{b}$ の汎関数ではなく関数 u の汎関数だと見な
すことができるが、それは長時間平均を定常確率分布を重み
とする積分で表せば

$$J = J[\boldsymbol{b}]$$

7 水素原子の内部運動と量子力学

$$= \lim_{T \to \infty} \frac{1}{T} \int_0^T \left\langle \frac{m}{2} \left| \frac{h}{m} \frac{\nabla u(\boldsymbol{r}(t))}{u(\boldsymbol{r}(t))} \right|^2 + V(\boldsymbol{r}(t)) \right\rangle dt$$

$$= \int \left\{ \frac{m}{2} \left| \frac{h}{m} \frac{\nabla u(\boldsymbol{r}(t))}{u(\boldsymbol{r}(t))} \right|^2 + V(\boldsymbol{r}(t)) \right\} |u(\boldsymbol{r})|^2 d^3r$$

$$= \int \left\{ \frac{h^2}{2m} \left| \nabla u(\boldsymbol{r}) \right|^2 + V(\boldsymbol{r}) |u(\boldsymbol{r})|^2 \right\} d^3r$$

となる。これは関数 u の 2 次汎関数

$$J = J[u]$$

であるため、その停留条件

$$\delta J = J[u + \delta u] - J[u] = 0$$

を容易に計算することができ

$$\delta J = \int \left\{ -\frac{h^2}{2m} \nabla^2 u(\boldsymbol{r}) + V(\boldsymbol{r}) u(\boldsymbol{r}) \right\} u(\boldsymbol{r}) d^3r$$

を得るが、ここで

$$\rho = \rho(\boldsymbol{r}) = |u(\boldsymbol{r})|^2$$

が確率分布密度関数となることから

$$\int |u(\boldsymbol{r})|^2 d^3r = 1$$

となる正規化の束縛条件が課せられなければならない。

　従って、水素原子の内部運動を陽子から見た電子の相対運動として把握する場合、電子の全エネルギーの長時間平均を極小にするという条件は 2 次汎関数 $J = J[u]$ に対する条件付き変分問題を解くことに帰着する。そのような条件付き変分問題は、未定定数 λ を導入することで 2 次汎関数

$$J = J[u]$$

$$= \int \left\{ \frac{h^2}{2m} \left| \nabla u(\boldsymbol{r}) \right|^2 + V(\boldsymbol{r}) |u(\boldsymbol{r})|^2 \right\} d^3r - \lambda \int |u(\boldsymbol{r})|^2 d^3r$$

についての条件なしの変分問題

$$\delta J = \int \left\{ - \frac{h^2}{2m} \nabla^2 u(\boldsymbol{r}) + V(\boldsymbol{r})u(\boldsymbol{r}) - \lambda u(\boldsymbol{r}) \right\} \delta u(\boldsymbol{r}) d^3 r$$
$$= 0$$

に同等となり、これから未知関数 $u = u(\boldsymbol{r})$ と未定定数 λ が満たすべき固有値問題

$$- \frac{h^2}{2m} \nabla^2 u(\boldsymbol{r}) + V(\boldsymbol{r})u(\boldsymbol{r}) = \lambda u(\boldsymbol{r})$$

が得られる。

　こうして得られた 2 階偏微分方程式は発見者の名前を取ってシュレーディンガー方程式と呼ばれ、その固有値問題を解くことによって得られる未知関数 $u = u(\boldsymbol{r})$ と未定定数 λ は、それぞれ水素原子の内部運動を記述する「波動関数」と「エネルギー固有値」と呼ばれることになった。シュレーディンガー自身が求めたエネルギー固有値の値は、当時実験によって得られていた水素原子の内部運動変化によるエネルギー放出で許される決まった離散的な値に正確に一致したため、シュレーディンガー方程式は水素原子以外の様々な原子分子などの内部運動を解明するためにも利用されてきたが、その理論体系は「量子力学」と呼ばれている。

　そこでは、水素原子の内部運動を解析するには、まずシュレーディンガー方程式の固有値問題

$$- \frac{h^2}{2m} \nabla^2 u(\boldsymbol{r}) + V(\boldsymbol{r})u(\boldsymbol{r}) = \lambda u(\boldsymbol{r})$$

を解き、その解を与える固有関数 $u = u(\boldsymbol{r})$ と固有値 λ を得る。すると、その固有値 λ が内部運動のエネルギーの値となり、

7 水素原子の内部運動と量子力学

水素原子の内部運動自体は密度関数が

$$\rho = \rho(\boldsymbol{r}) = |u(\boldsymbol{r})|^2$$

で与えられる確率分布に従うことがわかる。

　エネルギー固有値が水素原子の内部運動のエネルギーを与えることが明らかとなったため、当時フランスの物理学者ルイ・ドブロイによって提唱されていた物質波の振動数 ω とエネルギー E との間の関係

$$E = h\omega$$

を $\lambda = h\omega$ としてエネルギー固有値にも流用することで波動関数

$$u = u(\boldsymbol{r})$$

に振動数 ω の時間変動を加味し

$$\psi(\boldsymbol{r}, t) = u(\boldsymbol{r})\, e^{-i\omega t}$$
$$= u(\boldsymbol{r})\, e^{-i\lambda t/h}$$

を物質波とみなすことになった。現在では波動関数といえば物質波を表す ψ ということになり、固有値問題

$$-\frac{h^2}{2m}\nabla^2 u(\boldsymbol{r}) + V(\boldsymbol{r})\, u(\boldsymbol{r}) = \lambda u(\boldsymbol{r})$$

の両辺に $e^{-i\lambda t/h}$ を乗じた方程式

$$-\frac{h^2}{2m}\nabla^2 u(\boldsymbol{r})\, e^{-i\lambda t/h} + V(\boldsymbol{r})\, u(\boldsymbol{r})\, e^{-i\lambda t/h}$$
$$= \lambda u(\boldsymbol{r})\, e^{-i\lambda t/h}$$

から

$$-\frac{h^2}{2m}\nabla^2 \psi(\boldsymbol{r}, t) + V(\boldsymbol{r})\, \psi(\boldsymbol{r}, t) = \lambda\, \psi(\boldsymbol{r}, t)$$

を得る。

　ここで

47

$$ih\frac{\partial}{\partial t}\psi(\boldsymbol{r}, t) = \lambda\,\psi(\boldsymbol{r}, t)$$

であるため上記の方程式は

$$ih\frac{\partial}{\partial t}\psi(\boldsymbol{r}, t) = -\frac{h^2}{2m}\nabla^2\psi(\boldsymbol{r}, t) + V(\boldsymbol{r})\,\psi(\boldsymbol{r}, t)$$

と変形できるが、これもまた水素原子の内部運動についての
シュレーディンガー方程式と呼ばれている。むろん、水素原
子以外の場合にも同様の議論を経ることで、あらゆる素粒子
や素粒子複合系の運動も具体的にはより複雑な形となるが、
同様のシュレーディンガー方程式によってその物質波を記述
する波動関数が規定されることがわかる。そのようなシュ
レーディンガー方程式は一般的に

$$ih\frac{d}{dt}\psi = H\psi$$

という形の線形ユニタリー発展方程式の形を取り、波動関数
ψ 自体は無限次元のヒルベルト空間のベクトルとして考えら
れることが多い。ここで H はハミルトニアンと呼ばれ、波
動関数 ψ に線形に作用する数学的演算に他ならないが、線
形に作用するという意味は

$$H(a\psi + b\varphi) = aH\psi + bH\varphi$$

の如く波動関数 ψ や φ に対する定数倍と和を保存するよう
に作用することにある。

　このように、現代物理学において物質の構成要素である原
子や分子の内部運動をシュレーディンガー方程式を基本とし
て記述する「量子力学」の理論が成立する背景には、原子や
分子を構成する素粒子の運動が素領域から素領域へと転移し

7 水素原子の内部運動と量子力学

ていくエネルギーに他ならないとする素領域理論の観点があるということを忘れてはならない。シュレーディンガーによって 1926 年に発表されたシュレーディンガー方程式の正しさはその後の現代物理学における量子力学の画期的成果を見れば明らかであり、今さらそのシュレーディンガー方程式自身が湯川秀樹博士がたどり着いた空間の微細構造から導き出されることを示したところで、物理学の応用にはなんの助けにもならないのは事実。だが、物理学者、特に理論物理学者であるなら誰しも、我々の存在を許すこの空間の真の姿に触れてみたいと思うのは自然なことだろう。

8

波動関数の正体

　前節でその概略を示したように、湯川秀樹博士の素領域理論においては 1926 年にエルヴィン・シュレーディンガーが導いた素粒子の運動を記述するシュレーディンガー方程式は、完全調和の復旧エネルギーが一つの素領域から別の素領域へと転移していく様を描くものだった。初めて考察されたのは水素原子中の陽子の周囲を運動する単独の電子についてだったため、

$$ih\frac{\partial}{\partial t}\psi(\boldsymbol{r}, t) = -\frac{h^2}{2m}\nabla^2\psi(\boldsymbol{r}, t) + V(\boldsymbol{x})\psi(\boldsymbol{x}, t)$$

という形となったシュレーディンガー方程式の解として波動関数 $\psi = \psi(\boldsymbol{x}, t)$ が得られたならば、それによって

$$\boldsymbol{b} = \frac{h}{m}\Big(Re\frac{\nabla\psi}{\psi} + Im\frac{\nabla\psi}{\psi}\Big)$$

として与えられるベクトル値関数 $\boldsymbol{b} = \boldsymbol{b}(\boldsymbol{x}, t)$ を用いて電子の素領域間の転移は

$$\varDelta\boldsymbol{x}(t) = \boldsymbol{b}(\boldsymbol{x}(t), t)\varDelta t + \boldsymbol{W}(\varDelta t)$$

50

8 波動関数の正体

という確率微分方程式となった。ここで Re と Im はそれぞれ複素数の実部と虚部を表す。この種類の確率微分方程式は、ベクトル値関数 $b = b(x, t)$ を制御変数とする確率制御方程式と見なすこともでき、制御変数 $b = b(x, t)$ が波動関数 $\psi = \psi(x, t)$ によって与えられることから、素領域から素領域へと転移していく電子の運動を本質的に制御しているのは波動関数に他ならないといえる。このように量子力学を「確率制御問題」として定式化することも興味深いが、その詳細に興味のある読者諸姉諸兄には是非とも拙著『量子力学と最適制御理論』（海鳴社）をお読みいただければと願う。

シュレーディンガーは水素原子について考察した 1926 年の第一論文に続いて矢継ぎ早に第二、第三論文を公表したが、そこでは多数の素粒子が互いに相互作用しながら運動する場合のいわゆる「多体問題」についても量子力学で詳しく論じている。以下では、この「量子多体問題」を確率制御問題として見ていくことで、この世界の中に存在する素粒子の複雑な運動を制御する制御変数としての波動関数が、実はこの世界の裏側ともいうべき完全調和の真空の状況を反映しているという事実について指摘しておきたい。

宇宙空間の中に有限個とはいえ膨大な数の素粒子が運動している状況を考えよう。現実のこの宇宙におけるすべての素粒子が織りなす森羅万象のすべてを見ていくわけだが、我々が実際にはまったく知りえない遠い宇宙の果てで生じている現象に関与する素粒子が存在するとして、そのような素粒子の運動も理念的には考察の対象としていることになる。また、素粒子の生成や消滅現象がある場合には量子力学でなく場の

量子論を用いるべきだと指摘しておいたが、総数が有限個に収まる範囲においては「量子多体問題」を量子力学で論じる手法と場の量子論で論じる手法は互いに同等であることが示されている。そのため、ここでそれを量子力学の枠組の背後にある素領域理論の確率制御問題として定式化していくことは、なんら考察を制限することにはならない。

　宇宙空間における素粒子の総数を N とし、すべての素粒子を $i = 1, 2, 3, \cdots , N$ という連番で区別するならば、個々の素粒子が素領域から素領域へと転移していく様は水素原子の中の単独の電子の運動の場合の類推から

$$\Delta x_i(t) = b_i(x_1(t), x_2(t), \dots , x_N(t), t)\Delta t + W_i(\Delta t)$$

という確率微分方程式で表されることがわかる。この確率微分方程式も N 個のベクトル値関数 $b_i(x_1(t), x_2(t), \dots , x_N(t), t)$ を制御変数とする確率制御方程式と見なすことができ、それぞれの制御変数 b_i は量子多体問題のシュレーディンガー方程式

$$ih\frac{d}{dt}\psi = H\psi$$

の解として与えられる波動関数 $\psi = \psi(x_1, x_2, x_3, \dots , x_N, t)$ から

$$b_i = b_i(x_1, x_2, x_3, \dots , x_N, t)$$
$$= \frac{h}{m}\left(Re\frac{\nabla_i\psi}{\psi} + Im\frac{\nabla_i\psi}{\psi}\right)$$

のように定まる。つまり、宇宙空間に存在して互いに複雑に相互作用する素粒子も、さらにはこの宇宙の一方の果てと他方の果てに位置するため互いには物理的に切り離されていて

8 波動関数の正体

相互作用していないと思われる素粒子も、すべての素粒子は一つの波動関数 $\psi = \psi(\boldsymbol{x}_1, \boldsymbol{x}_2, \boldsymbol{x}_3, \dots, \boldsymbol{x}_N, t)$ によってその運動が完全に制御されているのだ。この宇宙の中に日月星辰森羅万象のあらゆる現象が具現する背景には、この波動関数の存在があることを忘れてはならない。

　このような量子力学における多体問題をシュレーディンガーが波動関数によって論じたときから、実は物理学界における主流派は波動関数をこの３次元空間の各点で定義された電磁場のような「場」と考えることができず、仮想的な３N次元の「配位空間」の各点で定義された関数にすぎないとしてきた。そのため、波動関数は我々の宇宙の中の隅々で与えられた現実の物理的実体ではなく、我々の宇宙とは遠くかけ離れた思考の中にのみ想定された数学的な概念でしかない、幻影のようなものだという考えが定着してしまっている。だが、量子多体問題を記述するにあたって波動関数を抜きにすることはできず、多くの物理学者はその思考上の都合で導入しているだけだとする波動関数に頼りきってこの現実世界での物理現象を解明し続けているのだ。そこでは、量子力学における中心ドグマを与える重要な概念でもあり主要な道具でもある波動関数はあくまで数学的幻影にすぎず、その存在場所は我々の宇宙空間の中でもなければ、そのすぐ近傍でもない。

　ところが、湯川秀樹博士による素領域理論から見れば、このような量子力学における異様な多重構造の原因は、この宇宙空間の実体を素領域の集合ではなく、その被覆空間としての３次元ユークリッド空間であるとしていることにある。素

53

領域構造を無視しているために、波動関数を存在させる場所がこの宇宙の中にも外にも見出せないでいるのだ。この事実を最も明確に浮かび上がらせることができるのは、量子力学の背後にある空間の素領域構造を強く反映した確率制御問題としての定式化をおいて他にはない。

　即ち、この宇宙におけるすべての素粒子の運動を素領域から素領域へのエネルギーの転移と捉える素領域理論においては、その転移が波動関数 $\psi = \psi(x_1, x_2, x_3, \ldots, x_N, t)$ によって完全に制御されるのだが、そこではこの波動関数はたとえば i 番目の素粒子が存在する素領域を素領域の集合についての被覆空間としての３次元ユークリッド空間における位置座標 x_i で表したときに、その位置座標 x_i に対応した複素数の値を持つと考えられるのだが、素領域理論においてはそれは i 番目の素領域の中のどこかを示す値ではなく、むしろその i 番目の素領域それ自体がその他の素領域からみてどのような全体配向の中に存在しているのかに対応している。つまり、波動関数というものは、完全調和である真空の中に自発的対称性の破れによって発生したすべての素領域がどのような分布配向を示しているのかを表わすものであり、それはすべての素領域を包含する真空の上に定義された複素数値関数に他ならないのだ。

　すべての素領域を包含する完全調和の真空は「神」に対応するものだったが、その神に包み込まれた素領域が示す分布配向が波動関数 ψ によって表され、それから得られるベクトル値関数 $b_i = b_i(x_1, x_2, x_3, \ldots, x_N, t)$ によって与えられる方向へとその i 番目の素粒子が転移していく傾向があるという

8 波動関数の正体

のが確率制御問題として記述した場合の量子力学での素粒子についての多体問題の運動法則となる。この意味で、この宇宙に存在するすべての素粒子が織りなす森羅万象は、この宇宙空間を構成するすべての素領域を包含する神の側のすべてで与えられる波動関数によって完全に制御されていることになる。古来我々人類が感覚的に抱いていた「すべては神の御心のままになされる」あるいは「かくの如く神はすべてを統御される」という思いは、こうして量子力学の多体問題における波動関数という存在の正体を形而上学的素領域理論によって明らかにすることによって、その正しさが示されたといえるのではないだろうか。

9

形而上学的素領域理論

　こうしてはっきりしたことは、湯川秀樹博士の素領域理論によって、現代物理学の基礎を与えているアインシュタインの相対性理論とシュレーディンガーの量子力学のそれぞれにおいて「仮定されて」いたにすぎない基本原理が、より深いレベルの考察によって「導かれて」くるという驚くべき事実だ。相対性理論においては基本原理として仮定されてきた、すべての物体は光速度よりも速くは運動できないという真理が、実は光子以外の素粒子については、それらが各素領域にとどまる時間が光子のそれよりも長いという事実からの帰結となる。

　それだけでは、ない。アインシュタインが重力を空間の歪みとして理解しようとして一般化した相対性理論（「一般相対性理論」と呼ばれる）では、宇宙空間における物質の分布によってその近くの空間自体が「曲がる」と仮定されたのだが、湯川秀樹博士の素領域理論においてはこの空間が「曲がる」ということを被覆空間での素領域の分布が均一でなく

56

9 形而上学的素領域理論

偏ってくると理解すればよい。空間が曲がっているから光が曲がって進むと考えていたものが、素領域の分布が偏っているために素領域から素領域へと転移するスカラー光子の運動経路が素領域の分布が偏っていないときに比べて変わってくるだけのことになってしまう。極めて自然なことにすぎないのだ、素領域理論の言葉で語るならば。

ところで、一般相対性理論を考案していたアインシュタインに強い影響を与えたオーストリアの物理学者に、エルンスト・マッハがいる。マッハは超音速の速度指標の単位に名前を遺しているが、それは音速を超えた速度で大気中を移動する飛翔体が生み出す衝撃波の存在を初めて写真で捉えることに成功したことによるものだ。このような実験物理学での業績に加えて、「物体の慣性はその物体と宇宙空間に存在するその他のすべての物体との相互作用によって生じている」とする「マッハの原理」を提唱するなど、理論物理学の根本問題についても深い議論を残している。さらには死後の世界についても研究していた精神物理学者グスタフ・フェヒナーに傾倒し、霊魂や神といった形而上学的な考えを完全に排斥する一般的な物理学者とは一線を画していたようだ。

実はエルンスト・マッハの名前は形而上学、特に神秘主義哲学において、「私とはなにか？」という究極の問いに対する暗示的な答と目されている「首のない自画像」を描いた哲学者として知られている。

では、この自画像が何故に「私とはなにか？」を暗示的に描き出しているのだろうか？　それは近代物理学の生みの親

57

エルンスト・マッハによる自画像

であるアイザック・ニュートンが、この世界に展開される自然界の秩序を維持するためには彼が発見した物理法則だけでは足りず、この世界の要所要所に開けられた「神の覗き穴」から監視する神が手を差し伸べる必要があるということを、彼の大著『自然哲学の数学的諸原理』(略して『プリンキピア』)に明記したことに関連している。つまり、マッハが描いた自画像には、まさにニュートンのいう「神の覗き穴」から神が監視しているこの世界の中にある己の胴体や手足とその背景が描かれていて、その胴体や手足とその背景を監視している「神」こそは描かれてはいないものの、その「存在」を見事に暗示しているのだ。

　つまり、「私」とは「神」なのだ。そして、「私とはなにか？」という究極の問いかけに対する形而上学的な答としてマッハが描き遺してくれた「首のない自画像」は、ここにきて湯川

9 形而上学的素領域理論

秀樹博士の素領域理論を理論物理学の枠組を超えて形而上学にまで拡張することを強く後押ししてくれる。

既に第一節において、物理学を離れ形而上学に参入するならば、完全調和のみの真空の状況はまさに神の世界、あるいは神そのものといってもよいと述べておいた。「真空」を「神」と呼び、また真空が示す様々な性質の幾つかを「神意」や「愛」あるいは「情緒」などと表すとも……。形而上学にまで考察対象を広げた「素領域理論」を「形而上学的素領域理論」と呼ぶならば、そこでは「真空」を堂々と「神」と呼ぶことも許されよう。「神」の完全調和が自発的に破れて生じたものが「素領域」であり、従って「素領域」そのものは「神」ではない。一つの「素領域」は「神」である完全調和の中に「存在」するため、「神」である完全調和に接している。つまり、「神」である完全調和はどの「素領域」の様子も、それを取り囲むようにして「知る」ことができると考えてよい。

理論物理学の範囲においては、素領域理論は「素領域」の部分にのみ着目し、それらすべての素領域の集まりを「空間」と考えてきたため、各素領域に接している素領域の外の部分である「神」についてはなんら言及してはいない。だが、形而上学的素領域理論においては、すべての「素領域」をその中に「存在」させ、どの「素領域」とも接している「神」としての完全調和自体に考察の重きを置く。そこでは、「空間」の構成要素である「素領域」のすべてはそれに接する「神」によってその様子を「知られ」ていることになるが、その状況は「神」がそれぞれの「素領域」を「神の覗き穴」として「空間」の中の至るところに配置して「空間」の中に繰り広げら

59

れる自然界の現象を「監視」していることを示唆している。

　特に、「今」しかないそれぞれの素領域に完全に同期した時を刻んで時間の流れを生み出す働きは、どの素領域にも接している「神」としての完全調和がなければ生まれえない。その上で、「神」はそれぞれの素領域に生成される復旧エネルギーとしての素粒子の動きを、「神」の中での素領域の分布を変化させることで量子力学の法則に従っているかの如く操っている。即ち、この世界は完全に神の手中に置かれた素領域の全体としての空間の中に展開される、無数の素粒子の運動が物理法則という名の調和の下で奏でるシンフォニーに他ならないのだ。

　これが「形而上学的素領域理論」が与えてくれる新しい世界観となるのだが、その理論的枠組こそは「神の物理学」と呼ぶにふさわしいものとなる。既に見たとおり、この「神の物理学」においては、これまでシュレーディンガーやアインシュタインの閃きの中で天恵によって得られた基礎方程式がより深いレベルの考察によって導かれるのだが、実は物理学の根底に巣くい続けてきた二つの難問「自由意志問題」と「観測問題」をも解決してしまう力がある。まさにこの点において、「形而上学的素領域理論」を提唱する根本理由があると考えられよう。以下の二節においては、それぞれ「自由意志問題」と「観測問題」について「形而上学的素領域理論」による考察を展開しておく。

10

自由意志問題と初期値問題

　宗教学や哲学における未解明の難問に、我々人間に与えられた「自由意志」の由来を明らかにするという問題がある。神と人間にのみ自由な意志決定の力があるとするキリスト教の修道士達によってヨーロッパで発展した物理学において、特にニュートンやライプニッツ以降の微積分の導入による「力学」や「運動学」の精密化を迎えることにより明らかとなったのは、ある時点でのすべての物体の運動が定まっているならば、その後のすべての運動は「ニュートンの運動方程式」などの「力学法則」に従って完全に決定されるということだった。つまり、宇宙開闢から現在に至るこの宇宙の中でのすべての出来事は、宇宙開闢の時点ですべてが決定ずみということになってしまい、そこに人間が自由意志を発揮できる隙間などは残されていないことになる。

　ところが、我々が少なくともこの地球上では様々な物体を自在に配置したり、変形させることができることは明らかであり、確かに「自由意志」を発動させているように見える。

61

だが、ニュートン以降の物理学を自然界に適用するならば、この宇宙においては「自由意志」などの出番はどこにもない。この矛盾というか、あるいは近代物理学の欠点が「自由意志問題」に他ならない。この問題については、ニュートン自身は既に初期の頃から気づいていたようだ。彼の大著『プリンキピア』にもその記述が残されているのだが、それによればこの宇宙の中のすべての事象の背後にある秩序を記述するには物理法則だけでは足らず、それに加えて「神の覗き穴」が必要になるのだ。

　ニュートンの運動方程式の如く数学的には微分方程式の形で与えられる物理法則においては、宇宙開闢以来のどの時点ででもすべての物体についての運動状態が定められているならば、それ以降のあるいはそれ以前の物体の運動は完全に決定されてしまうことになる。数学的には微分方程式の「初期値問題」と呼ばれ、初期値が与えられるならばその微分方程式は一意的に解を持つことが「解の存在定理」によって保証されるからだ。これでは人間が物体である身体を動かすことによって「自由意志」で何らかの物体の運動状態を左右することはできない。これが物理学の側から見た「自由意志問題」の本質部分となっているのだが、非は明らかに物理学の理論体系の不備にある。

　この不可避の理論的困難に気づいたニュートンは、人間が「自由意志」を発動させることができるのは、この世界で「自由意志」が行使されるところには「神の覗き穴」があると考えた。そこから世界中の状況を覗いている「神」は必要に応じ、この世界の中の物理法則にはない「神通力」を用いて幾

62

10 自由意志問題と初期値問題

つかの物体の運動状態を物理法則に則らない形で、つまりこの世界の外から随意的に変更してしまうことができるというのだ。それが「自由意志」が存在する形而上学的なからくりであり、「自由意志」は、この世界の外に存在する「神」によって、この世界の中に存在する我々人間に与えられたものとなる。

　前節でご紹介した「マッハの自画像」こそは、実はニュートンのいう「神の覗き穴」が人間存在の中心にあるという隠された真実を見事に描き出している。つまり、「自由意志問題」を解決するには、この世界の中の存在としての人間の身体の中にこの世界の外の存在としての「神」に通じる「神の覗き穴」を持ち出さざるをえないという事実を主張している。

　そして、既に前節で述べたように、すべての「素領域」をその中に「存在」させ、どの「素領域」とも接している完全調和を「神」と捉える形而上学的素領域理論においては、この世界はすべての「素領域」からなる「空間」あるいは「宇宙空間」と同義となる。すると、この世界の外の存在である完全調和が「神の覗き穴」としてこの世界である「空間」の中に「神通力」を及ぼしているのは、それぞれの「素領域」と完全調和の境界部分（素領域の「表面」と呼ぶこともある）と考えてよい。つまり、形而上学的素領域理論においては、「自由意志問題」を解決するために必要となる「神の覗き穴」の概念が理論の根底に自然に組み込まれていることになる。

　この意味において、形而上学的素領域理論が与えてくれる「神の物理学」の理論的枠組において、「自由意志問題」は最

初から解決ずみとなっていると考えてよい。即ち、形而上学的素領域理論は、現代物理学がその秘奥に抱える難問の一つから解放された理論基盤を与えてくれるのだ。まさに「神の物理学」と呼ばれる所以がそこにある。

11

量子力学と観測問題

　この「神の覗き穴」という概念は「自由意志問題」の解決に必要不可欠であるだけでなく、量子力学の定説に巣くう根本的な難問である「観測問題」の解決にも導いてくれる。

　どの素領域をもその内部に包み込んでいる完全調和としての「神」は、それぞれの素領域に生成される復旧エネルギーとしての素粒子の動きを「神」の中での素領域の分布を変化させることで、量子力学の法則に従っているかの如く操っているのだった。これが形而上学的素領域理論に立脚した「神の物理学」が教えてくれる、量子力学の原理的背景に他ならない。一方、量子力学の定説においてはシュレーディンガー方程式を第一原理として出発するため、根底に物理学最大の難問と目される「観測問題」をどうしても解決することができないでいる。ところが、「神の物理学」においてはシュレーディンガー方程式は結果として現れる表面的なものでしかなく、量子力学の本質は背後に潜む空間の素領域構造によって与えられるため、「自由意志問題」と同様に最初から解決ず

65

みとなってしまう。

　この驚くべき事実を論じる前に、量子力学における「観測問題」について見ておくことにする。

　既に見てきた如く、量子力学においては素領域から素領域へと転移するエネルギーである素粒子の運動を記述するのだが、そこでは物質波としての波動関数 ψ はシュレーディンガー方程式

$$ih\frac{d}{dt}\,\psi = H\psi$$

を満たすのだった。波動関数は時間が経過するにつれてこのように連続的に変化するのだが、それはあくまで素粒子の運動が「観測者」によって「観測」されていない間でのことであり、「観測者」によって「観測」されたときには

　　　$\psi \rightarrow \psi_0$

のように突然に不連続的に変化する。これは「観測」による波動関数の「収縮」と呼ばれている。実際に様々な素粒子や素粒子複合系についてなんらかの「観測装置」によってその運動を「観測」し、それがある波動関数 ψ_0 で記述される運動となっていることが判明した時点では、それまでの連続的な変化をしてきた波動関数 ψ で記述されてきた運動とは違うものになっているのだ。

　電子や光子などの素粒子についての具体的な実験によって判明した事実をすべて説明するためには、その実験行為を「観測」と位置づけた上でこのような「観測」による波動関数の「収縮」という概念を導入するしかないと考えた物理学者達が集っていたのは、コペンハーゲンのニールス・ボーア研究

11 量子力学と観測問題

所だった。シュレーディンガー方程式による波動関数の連続的変化と「観測」による波動関数の「収縮」という不連続的変化を併用するこのような枠組は量子力学の「コペンハーゲン解釈」と呼ばれ、現在に至るまで物理学界の主流となっている。

波動関数の「収縮」の原因となる「観測」という実験行為について曖昧に考えている間は「コペンハーゲン解釈」にはなにも問題は生じないのだが、「観測」に利用する実験装置やその実験結果を判別する我々人間の身体や脳組織までをも素粒子の複合系だと考え、その複合系に対しても量子力学をあてはめるべきだという立場を取った瞬間から、量子力学には一つの深刻な問題がつきまとうことになった。それこそが「観測問題」に他ならないが、それが「問題」となるのは、どうあがいても波動関数の「収縮」など起きえないことが次のように判明したためだ。

何らかの実験装置によってこれから観測されようとする素粒子の複合系を「被観測系」と呼び、実験装置あるいはその一部で「被観測系」と相互作用することで「被観測系」の運動状態を自身が被る運動状態の変化によって記録する素粒子の複合系を「測定系」、さらには「測定系」の運動状態の変化による記録を判別する人間あるいはその一部の脳神経系を構成する素粒子の複合系を「観測系」と呼ぶことにする。議論を簡単にするため、「被観測系」としては一個の電子を考える。

他からの影響を何ら受けずにある一定の方向に向かって運動する状態を表す波動関数を ψ とし、その正反対の方向に

67

向かって運動する状態を波動関数 φ で表す。即ち、それぞれの波動関数はそれぞれ同じシュレーディンガー方程式

$$ih\frac{d}{dt}\,\psi = -\,\frac{h^2}{2m}\,\nabla^2\psi$$

$$ih\frac{d}{dt}\,\varphi = -\,\frac{h^2}{2m}\,\nabla^2\varphi$$

を満たす。このとき、それぞれの両辺を足し合わせると

$$ih\frac{d}{dt}\,\psi + \,ih\frac{d}{dt}\,\varphi = -\,\frac{h^2}{2m}\,\nabla^2\psi\,-\,\frac{h^2}{2m}\,\nabla^2\varphi$$

となり、整理することにより

$$ih\frac{d}{dt}\,(\psi + \varphi) = -\,\frac{h^2}{2m}\,\nabla^2(\psi + \varphi)$$

を得る。即ち、波動関数 $\psi+\varphi$ もまた同じシュレーディンガー方程式を満たすことになり、これもまた他からの影響を受けずにある一定の方向に向かって運動する電子の状態を表している。

　ところで、このようにある一定の方向に向かって運動する電子の運動状態を観測すると、結果としてはその方向に運動する状態か、あるいはその正反対の方向に運動する状態かのどちらかにしかならない。つまり、観測される前まではシュレーディンガー方程式

$$ih\frac{d}{dt}\,(\psi + \varphi) = -\,\frac{h^2}{2m}\,\nabla^2(\psi + \varphi)$$

を満たす波動関数 $\psi+\varphi$ によって記述されていた電子の運動が、測定系と観測系と相互作用する、つまり「観測」されることで

$$\psi + \varphi \quad \rightarrow \quad \psi$$

11 量子力学と観測問題

あるいは

$$\psi + \varphi \quad \to \quad \varphi$$

のようにどちらかの波動関数 ψ あるいは φ によって記述されるようになるのだ。これが「観測」による波動関数の「収縮」に他ならない。

ここで、電子の被測定系と測定系及び観測系のすべてを量子力学によって記述してみよう。測定系の波動関数 Ξ が満たすシュレーディンガー方程式を

$$ih\frac{d}{dt}\, \Xi = H\Xi$$

とし、観測系の波動関数 Ξ' が満たすシュレーディンガー方程式を

$$ih\frac{d}{dt}\, \Xi' = H'\Xi'$$

とする。このとき電子と測定系と観測系が最初から最後までまったく相互作用しないという状況は、「観測」が行われないということに対応するが、電子と測定系と観測系を構成するすべての素粒子の複合系の運動としては単にそれぞれの運動を記述する波動関数 $\psi + \varphi$、Ξ、Ξ' のテンソル積で与えられる全系の波動関数

$$(\psi + \varphi) \otimes \Xi \otimes \Xi'$$

で記述されることになる。この全系の波動関数が満たすシュレーディンガー方程式は

69

$$ih\frac{d}{dt}\ ((\psi + \varphi)\otimes \Xi\otimes\Xi')$$

$$= \left(\left(-\frac{h^2}{2m}\nabla^2 + V\right) \otimes H \otimes H'\right)\left((\psi + \varphi) \otimes \Xi \otimes \Xi'\right)$$

のように、それぞれの系の波動関数 $\psi + \varphi$、Ξ、Ξ' をまったく「からめる」ことのない形となっている。

このとき

$$(\psi + \varphi) \otimes \Xi \otimes \Xi' = \psi \otimes \Xi\otimes\Xi' + \varphi\otimes\Xi\otimes\Xi'$$

となり、全系の波動関数は終始このような和の形となっていて

$$\psi\otimes\Xi\otimes\Xi'$$

あるいは

$$\varphi\otimes\Xi\otimes\Xi'$$

のどちらかに「収縮」することはない。

電子の運動状態を「観測」するということは、電子と測定系と観測系が何らかの相互作用をすることで、測定系の波動関数 Ξ が電子の運動状態を ψ あるいは φ のどちらか一方であることを指し示す Ψ あるいは Φ になることを意味する。つまり、相互作用する前の全系の波動関数

$$(\psi + \varphi) \otimes \Xi \otimes \Xi' = \psi\otimes\Xi\otimes\Xi' + \varphi\otimes\Xi\otimes\Xi'$$

が、相互作用の後では

$$\psi\otimes\Psi\otimes\Psi'$$

あるいは

$$\varphi\otimes\Phi\otimes\Phi'$$

のどちらかに移行する過程を「観測」と呼ぶ。ここで Ψ' と Φ' はそれぞれ測定系の波動関数が Ψ 及び Φ となっているこ

11 量子力学と観測問題

とを「認識」したときの観測系の波動関数に他ならない。

ところが、「観測」の過程をこのように被観測系、測定系、観測系の間の量子力学的な相互作用過程として記述したとたん、一つの大問題が生じてしまう。それはそのような相互作用過程を表すシュレーディンガー方程式に出てくるハミルトニアン

$$\left(- \frac{\hbar^2}{2m} \nabla^2 + V \right) \otimes H \otimes H'$$

が全系の波動関数

$$(\psi + \varphi) \otimes \varXi \otimes \varXi' = \psi \otimes \varXi \otimes \varXi' + \varphi \otimes \varXi \otimes \varXi'$$

に線形に作用する数学的演算のままであるため、被観測系はおろか、測定系や観測系の波動関数ですら最後まで和として書ける形のままになるということ。即ち

$$\psi \otimes \varXi \otimes \varXi' + \varphi \otimes \varXi \otimes \varXi'$$

のように和の状態のままで、絶対にどちらか一方にはならないのだ。

これが「観測問題」の本質に他ならない。要するに量子力学の基本を与えるシュレーディンガー方程式が波動関数の和を崩さない線形方程式となっていることに起因するのだが、「観測」という過程や「測定装置」と「観測者」までをも量子力学で記述するかぎり不可避的に現れてしまう理論的不具合となる。従って、この「観測問題」に真っ正面から取り組んだ物理学者は少ないのだが、天才数学者フォン・ノイマンは名著の誉れ高い『量子力学の数学的基礎』（広重徹、井上健、恒藤敏彦共訳＝みすず書房）の中で一つの解決策を提唱した。

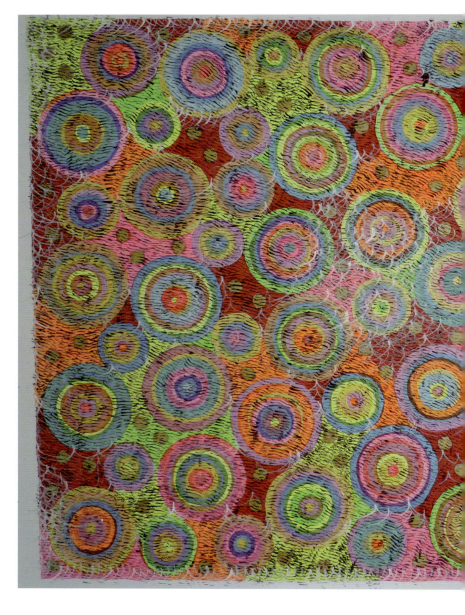

Univers (4), 2016年, 60F号（97 × 130cm）, 油彩 キャンバス,
（京都 大原三千院・所蔵）©morio matsui

12

フォン・ノイマンと中込照明の
観測問題解決策

　フォン・ノイマンも「観測」を被観測系と測定系、さらには観測系を量子力学の枠組で記述し、それらの間の相互作用過程を表すシュレーディンガー方程式に出てくるハミルトニアン

$$\left(- \frac{h^2}{2m} \nabla^2 \right) \otimes H \otimes H' + V$$

が全系の波動関数

$$(\psi + \varphi) \otimes \Xi \otimes \Xi' = \psi \otimes \Xi \otimes \Xi' + \varphi \otimes \Xi \otimes \Xi'$$

に線形に作用する数学的演算のままであるため、「観測」が終了した時点においても被観測系、測定系及び観測系の波動関数が

$$\psi \otimes \Psi \otimes \Psi' + \varphi \otimes \Phi \otimes \Phi'$$

のように和の状態のままとなってしまい、「観測」による波動関数の「収縮」は生じないことが示された。これでは他の物理学者達と同じ結果であり、「観測問題」の解決にはなっていない。だが、そこは天才数学者の天才たる所以なのか、

12 フォン・ノイマンと中込照明の観測問題解決策

フォン・ノイマンはここから一気に突き抜けていくのだ。

被観測系と測定系と観測系の間の区切りをそれぞれどこに設定しても理論的記述の本質はまったく変更されないため、最終的に観測系の中の一つの素粒子、例えば脳組織の中の電子一つのみを観測系と考えることもできる。この場合、「被観測系」も一つの電子であり、それと「観測」のための相互作用をする「測定系」は多数の素粒子からなる複合系となり、「観測」のための相互作用を被観測系との間にした後の「測定系」の状態を「認識」する「観測系」もまた一つの電子となる。即ち、「観測」と呼ばれる量子力学的な過程を、一つの電子Aと「測定系」である素粒子の複合系Mと「観測系」としての一つの電子Bとの間の相互作用過程として単純化するのだ。

仮に電子Aの運動状態が「観測」によって波動関数 ψ_A' となっていることが判明したとし、そのときの「測定系」の状態が波動関数 Ψ' によって表されたとする。そして、「観測系」である電子Bの波動関数は ψ_B' となるとすると、電子Bの運動状態が波動関数 ψ_B' で表されているということ自体が「被観測系」である電子Aの状態を ψ_A' だと「認識」したことを意味する。「観測」前の電子Aの波動関数を ψ_A、「測定系」の波動関数を Ψ、そして電子Bの波動関数を ψ_B とすると、全系の波動関数は

$$\psi_A \otimes \Psi \otimes \psi_B$$

となる。これでわかるのは、相互作用過程を表すシュレーディンガー方程式に出てくるハミルトニアン

$$\left(-\frac{h^2}{2m}\nabla_{\mathrm{A}}^{\ 2} \right) \otimes H \otimes \left(-\frac{h^2}{2m}\nabla_{\mathrm{B}}^{\ 2} \right) + V$$

が全系の波動関数に逐次的に作用していくことで全系の波動関数の変化を表すことができ、その結果として全系の波動関数が

$$\psi_{\mathrm{A}}{}' \otimes \varPsi' \otimes \psi_{\mathrm{B}}{}'$$

となるということ。

　換言すれば、このように「被観測系」である電子Ａと「測定系」と「観測系」である電子Ｂの波動関数を変化させる相互作用過程が、すべてを量子力学で記述する場合の「観測過程」に他ならない。このような相互作用を正しく表す相互作用ハミルトニアン V の具体的な形はそれぞれの実験に即して複雑極まりないものとなるが、その形がどのようなものになるにせよ、それぞれの波動関数に対しては線形に作用する、即ち和や定数倍を維持するように働くことに変わりはない。そして、以下に見るように、まさにその線形性が「観測問題」を生み出してしまう。

　ここで、「観測」前の電子Ａの波動関数が φ_{A} だったとすると、「測定系」の波動関数は $\varPsi$、そして電子Ｂの波動関数が ψ_{B} であるため、全系の波動関数は

$$\varphi_{\mathrm{A}} \otimes \varPsi \otimes \psi_{\mathrm{B}}$$

となる。そうすると、相互作用過程を表すシュレーディンガー方程式に出てくるハミルトニアン

$$\left(-\frac{h^2}{2m}\nabla_{\mathrm{A}}^{\ 2} \right) \otimes H \otimes \left(-\frac{h^2}{2m}\nabla_{\mathrm{B}}^{\ 2} \right) + V$$

が全系の波動関数に逐次的に作用していくことで全系の波動

関数が最終的に

$$\varphi_A' \otimes \Psi'' \otimes \psi_B''$$

のようになる。この「観測」によって「観測系」としての電子Bの運動状態が波動関数 ψ_B'' で表される状態となるのだが、そのこと自体が「被観測系」である電子Aの運動状態が波動関数 φ_A' で表される状態であることを「観測」したことを示している。

では、「観測」前の電子Aの波動関数が

$$\psi_A + \varphi_A$$

となっていたとすると、この「観測過程」の結果はどのようになるだろうか。「測定系」の波動関数は Ψ、そして「観測系」としての電子Bの波動関数は ψ_B であるため、全系の波動関数は

$$(\psi_A + \varphi_A) \otimes \Psi \otimes \psi_B = \psi_A \otimes \Psi \otimes \psi_B + \varphi_A \otimes \Psi \otimes \psi_B$$

となる。そうすると、相互作用過程を表すシュレーディンガー方程式に出てくるハミルトニアン

$$\left(-\frac{h^2}{2m} \nabla_A^2 \right) \otimes H \otimes \left(-\frac{h^2}{2m} \nabla_B^2 \right) + V$$

がこの波動関数に逐次的に作用していくことになるが、その働きは波動関数の和の形を崩さない線形作用となるため、全系の波動関数は最終的に

$$\psi_A' \otimes \Psi' \otimes \psi_B' + \varphi_A' \otimes \Psi'' \otimes \psi_B''$$

のようになる。

このとき、「観測系」としての電子Bの運動状態を表す波動関数が ψ_B' であれば「被観測系」である電子Aの運動状態が波動関数 ψ_A' で表される状態であり、また電子Bの波動関

数が ψ_B'' であれば電子Ａの波動関数が ψ_A'' となっていることを「観測」したことになる。しかしながら、全系の波動関数の最終的な形を見るかぎり、「観測系」としての電子Ｂの波動関数自体が ψ_B' と ψ_B'' のどちらか一方になることはおろか、そもそも電子Ｂについての運動状態を ψ_B' や ψ_B'' など電子Ｂについての単独の波動関数によって記述することさえできないことになっている。いったん「被観測系」の電子Ａと相互作用した「測定系」や、さらにはその「測定系」と相互作用した「観測系」の電子Ｂの間には、その相互作用によってその後決して分離することのできない波動関数の間での「もつれ」が発生してしまうのだ。

　このような「観測過程」の中で「測定系」をも「観測」という用語の意味の中に入れ込んでしまうなら、電子Ａを電子Ｂが「観測」したとたん、電子Ａと電子Ｂの間には波動関数の間の不可避の「もつれ」が生じてしまい、その後の電子Ｂの運動を記述する波動関数は単独には存在できず、常に電子Ａの運動と併せて記述する複合的な波動関数としてしか存在しなくなる。しかるに、実際の実験で判明していることは、全系の波動関数は最終的に

$$\psi_A' \otimes \varPsi' \otimes \psi_B'$$

か

$$\varphi_A' \otimes \varPsi'' \otimes \psi_B''$$

のどちらかにしかならないということであり、いずれの場合も電子Ｂの運動だけを単独で記述する波動関数 ψ_B' あるいは ψ_B'' が存在するということだ。

　ということは、「観測過程」自体を量子力学の枠組の中で

記述しようとするときに表面化する問題点には、実際のところ二つあるということになる。一つは「観測」を「被観測系」、「測定系」、「観測系」の間の相互作用と捉えるときにその相互作用が全系の波動関数に線形に作用するために、最初に和の形となっていた波動関数はその後も常に和の形となってしまい、決してどちらか一方に「収縮」はしないということ。もう一つは、「被観測系」と「観測系」の波動関数の間に不可避の「もつれ」が発生してしまうということ。そして、前者の本質的な原因は後者にあるのだが、だからといって後者が解決したならば前者も解決するというわけではない。たとえ電子Ａと電子Ｂの間の「もつれ」が消失したとしても、依然として「観測」した後の全系の波動関数は

$$\psi_A{}' \otimes \Psi' \otimes \psi_B{}' + \varphi_A{}' \otimes \Psi'' \otimes \psi_B{}''$$

の如く和の形になっていて、

$$\psi_A{}' \otimes \Psi' \otimes \psi_B{}'$$

か

$$\varphi_A{}' \otimes \Psi'' \otimes \psi_B{}''$$

のどちらかではありえないのだから。

　こうして天才数学者フォン・ノイマンは「観測問題」を難問中の難問としている本質を二つえぐり出すことに成功したのだが、だからといってこのままではその解決にはまだ至ってはいない。「観測問題」を完全に解くためには、波動関数の「もつれ」の問題と「収縮」の問題の二つを同時に解決する必要があるが、これらは量子力学の数学的構造に起因するために正攻法の考え方では絶対に解消することはないのだ。そこで、フォン・ノイマンは最後の最後に離れ業を放つのだ

が、それは量子力学の数学的枠組の外に、即ちこの世界の中で生じている素粒子複合系の物理現象のすぐ側にありながらこの世界の外側に存在する「最終観測者」を仮定することだった。それを「抽象的自我」と呼んだフォン・ノイマンは、返す刀で次のように結論づける。

実は「観測」というものは「被観測系」と「測定系」と「観測系」を合わせた全系での相互作用だけでは完結せず、その全系を「抽象的自我」が最終的に「観測」することで全系の波動関数が

$$\psi_A{}' \otimes \Psi' \otimes \psi_B{}'$$

あるいは

$$\varphi_A{}' \otimes \Psi'' \otimes \psi_B{}''$$

のどちらかとなる。そして、この「抽象的自我」はこの世界の外に存在するものであるため、それに対してはこの世界の中に存在する素粒子の運動を記述する量子力学の理論を適用することはできない。

これが、量子力学に巣くう「観測問題」に対するフォン・ノイマンが示した解決策であり、当時はフォン・ノイマンが「抽象的自我」による「観測」を表現する数学的枠組を具体的に提唱していなかったために、多くの物理学者の賛同を得たわけではなかった。

しかしながら、その後我が国の理論物理学者である中込照明博士によって「抽象的自我」を数学的に精密に記述する「唯心論物理学」の一般的理論である「量子単子論 (Quantum Monadology) が提唱されるに至って、「抽象的自我」による「観測」で波動関数が「収縮」する数学的枠組が具体的に示され

たために、現在ではフォン・ノイマンと中込照明によって「観測問題」が解決したと考えられている。

　高度に数学的な量子単子論の理論を解説することは、本書の目的ではないし、必要以上に専門的となる。しかしながら、一部の読者においては、その詳細を知ることに興味を持つことも考えられるため、中込照明博士のご厚意によって巻末付録に博士の手により既に公表されていた論文「モナド論的あるいは情報機械的世界モデルと量子力学（数理的考察)」を再録しておく。

13

素領域理論による観測問題の解決

　フォン・ノイマンが提唱した抽象的自我による観測という形而上学的な概念の導入を認め、さらには抽象的自我による観測によって波動関数が収縮するという考えに従うならば、確かに量子力学における観測問題は解決する。しかしながら天才数学者といえども、この主張を何らかの理論的考察や数学的証明によって示すことはできなかったために、最終的にはこれを公理として認めるより他になかった。それを世界で初めて数学的に証明してみせたのが中込照明博士であり、その「量子単子論」の詳細は巻末付録にあるように高度に抽象数学的な様相を呈しているため、その理解をすべての読者に求めるわけにはいかないだろう。

　そこで、抽象的自我というような形而上学的な概念をも定式化できる可能性を秘める形而上学的素領域理論の枠組において、量子力学の観測問題を論じることにする。そこでは、フォン・ノイマンのように公理として天下り的に波動関数の収縮を認めてしまうのではなく、完全調和の真空によって常

に俯瞰されていることまでも考慮するならば、波動関数の収縮を初等的な確率論の数学的枠組によって導くことが示されることになる。

　観測問題の本質は、観測される前まではシュレーディンガー方程式

$$ih\frac{d}{dt}(\psi + \varphi) = -\frac{h^2}{2m}\nabla^2(\psi + \varphi)$$

を満たす波動関数の重ね合わせ $\psi + \varphi$ によって記述されていた電子の運動が、測定系と観測系とに相互作用することで「観測」されることで

　　　$\psi + \varphi \rightarrow \psi$

あるいは

　　　$\psi + \varphi \rightarrow \varphi$

のようにどちらかの波動関数 ψ あるいは φ によって記述されるようになるという実験事実について、測定系や観測系を正直に素粒子で構成される物質でできた装置だと考えて、三者の間の相互作用としての「観測」を量子力学で記述しようとすることの不合理さにある。天才フォン・ノイマンですら最終的には観測系として「抽象的自我」と呼んだ形而上学的存在、すなわち物理学の考察対象の外にあるものを持ち出さざるをえなかったという事実は、そもそも観測系というものはこの世界の外側に位置する存在でありそれを量子力学で記述することに問題の原因があったことを強く示唆している。つまり、量子力学によって記述できる範囲は被測定系と測定系までに限定し、測定系の状態を測定する観測系については量子力学はおろか、そもそも物理学理論によってその詳細を

記述しようとしてはならないのだ。

　だからこそニールス・ボーア率いるコペンハーゲン解釈においてはそのあたりを「観測者」という言葉を導入することでうやむやにし、その結果として観測系については多くを語らずにすませることに成功した。それに異を唱えて観測系までも量子力学やその他の物理学理論で記述することで観測問題の解決に挑んだ物理学者がことごとく失敗し、最後にその骨を拾った形のフォン・ノイマンが観測問題を解決するために選んだのが「抽象的自我」という絶対的な観測者を持ち出すことであり、これは本質的にはコペンハーゲン解釈となんら変わることはない。要するに、観測系についてはそれをこの世界の外側に置き、それにこの世界の中での物理現象を記述する物理学をあてはめるということをしてはならないのだ。してはならないことをしてしまったことに端を発するのが、観測問題に他ならない。

　中込照明博士の「量子単子論」において観測問題が見事に解決されたのは、観測系を「モナド（単子）」というこの世界の外側に位置するものとし、それらモナドについては新しくモナドについての理論体系を用意したためである。「量子単子論」においては我々の世界の外に存在するモナド自身を具体的に何らか特定するということはせず、巻末付録に見られるように高度に抽象的な数学的枠組によってその本質のみを記述し、観測問題を見事に解決してみせた。形而上学的素領域理論においては、第 17 節で見ていくように「モナド（単子）」を完全調和の一部として具体的に提示することができるが、ここではモナドを導入することなく量子力学の観測問

84

13 素領域理論による観測問題の解決

題が自然に解決されることを示すことにする。その根底にあるのは、形而上学的素領域理論に特徴的な、次のような捉え方に他ならない。

　素領域理論においては素領域から素領域へと転移していくエネルギーが素粒子であり、素粒子の運動に他ならないその転移の傾向が量子力学によって記述されることが示された。それぞれの素粒子は完全調和が自発的に破れることによって完全調和の中に発生した素領域の中にのみ存在し、それが実際に無数にある素領域のどの素領域の中に存在するのかはすべての素領域を包含する完全調和のみが掌握できているにすぎない。それを多数の素粒子から構成される物質でできた測定系ないしは観測者としての我々の身体組織を想定した観測系との物理的相互作用によって知ることはできず、ただどの素領域にどのくらいの確からしさで存在するのかを確率分布として把握するのが理論的限界となるのだった。だが、そのようにたとえば測定系を構成する素粒子がどの素領域に存在するかを確率分布として捉えるとき、素領域理論においてはそれを確率過程の数学的枠組の中で記述することができるため、物理学者ボーアによる量子力学のコペンハーゲン解釈や数学者フォン・ノイマンによる抽象的自我解釈などで必要だった形而上学的な観測系を持ち出す必要がなくなるのだ。以下ではその概要を簡略に解説しておく。

　議論の本質に影響しない範囲で数学的な記述をできるだけ簡単にするため、被測定系としてはスピン自由度を無視した電子のようなスカラー粒子1個だけからなるものを考え、それをあえて「電子」と呼んでおく。また、その電子と何らか

85

の物理的相互作用をすることでその電子の運動状態を「測定」することになる測定系としては、最終的にその運動の自由度が一方向のみに制限された1次元運動をする1個の素粒子からなるものを用意しておく。

　素領域理論において電子の運動状態は、シュレーディンガー方程式

$$ih\frac{\partial \psi}{\partial t} = -\frac{h^2}{2m}\nabla^2\psi$$

の解として与えられる波動関数 $\psi = \psi(x, t)$ から

$$b(x, t) = \frac{h}{m}\frac{\nabla\psi(x, t)}{\psi(x, t)}$$

として得られるベクトル値関数 b を用いれば

$$\Delta x(t) = b(x(t), t)\Delta t + W(\Delta t)$$

という形の方程式に従う確率過程 $x = x(t)$ として記述される。ここで $W(\Delta t)$ は m を電子の質量、h をディラック定数として、拡散定数が $v = h/2m$ の平方根で与えられる標準拡散増分である。このとき、電子の存在の割合を示す確率分布は $\rho(x, t) = |\psi(x, t)|^2$ のように波動関数の絶対値の平方で与えられることになる。通常の量子力学においてはこの点は物理学者ボルンによる「確率解釈」として仮定されたにすぎないのだが、素領域理論においては仮定ではなく第一原理から導かれた結果となる。その意味で、湯川の素領域理論は量子力学よりもより深いレベルの物理学基礎理論であり、そのため形而上学（「メタ物理学」とも呼ばれる）との接点を提供してくれるのではないだろうか（その接点的な理論体系が本書でご紹介する「形而上学的素領域理論」に他ならない）。

13 素領域理論による観測問題の解決

1次元の運動に限定された測定系の運動状態もシュレーディンガー方程式

$$ih\frac{\partial \varphi}{\partial t} = H\varphi$$

の解として与えられる波動関数 $\varphi = \varphi(r, t)$ から

$$f(r, t) = \frac{h}{m'}\frac{\dfrac{\partial \varphi(r, t)}{\partial r}}{\varphi(r, t)}$$

のように与えられる関数 $f = f(r, t)$ を用いて

$$\varDelta r(t) = f(r(t), t)\varDelta t + B(\varDelta t)$$

という形の方程式に従う1次元の確率過程 $r = r(t)$ として記述される。ここで m' を測定系の素粒子の質量を表すものとして、$B(\varDelta t)$ は拡散定数が $v' = h/2m'$ の平方根で与えられる標準拡散増分に他ならない。

ここで、被測定系の波動関数が

$$\psi(\boldsymbol{x}, t) = \alpha_1\psi_1(\boldsymbol{x}, t) + \alpha_2\psi_2(\boldsymbol{x}, t)$$

のようにそれぞれがシュレーディンガー方程式の解となっている二つの互いに直交する波動関数 ψ_1 と ψ_2 の重ね合わせとなっている状況を考えよう。α_1 と α_2 は $|\alpha_1|^2 + |\alpha_2|^2 = 1$ となる定数である。このとき、被測定系を測定系によって測定することによって、実際に被測定系が波動関数 ψ_1 の状態になっているかあるいは ψ_2 の状態になっているかのいずれかが実現されることが実験的にわかっている（「波動関数」の「収縮」）。さらには、波動関数 ψ_1 の状態になる確率は $|\alpha_1|^2$ となり、ψ_2 の状態になる確率は $|\alpha_2|^2$ で与えられる。

物理学的には被測定系についての「測定」というものの本質は、測定系と被測定系が何らかの物理的相互作用が終わっ

87

てから測定系の状態を判別することで被測定系の状態を知る
ということにある。つまり、測定とは被測定系の状態を何ら
かの物理的相互作用によって測定系に記録する物理操作に他
ならないのだ。従って、この場合の測定系は測定の前に所定
の状態 φ に設定されてから被測定系と相互作用を始めるこ
とになる。さらに相互作用の前、すなわち測定前に被測定系
の運動状態が波動関数 ψ_1 の状態になっていたならば測定後
には測定系は波動関数 φ_1 の状態となり、同様に測定前に被
測定系が波動関数 ψ_2 の状態になっていれば測定後には測定
系は測定系の波動関数 φ_2 の状態となるように設定されてい
なければならない。

　要するに、測定前の被測定系と測定系の波動関数はテンソ
ル積

$$\psi \otimes \varphi(\boldsymbol{x}, \ r, \ t)$$
$$= \psi(\boldsymbol{x}, t) \, \varphi(r, t)$$
$$= (\alpha_1 \psi_1(\boldsymbol{x}, t) + \alpha_2 \psi_2(\boldsymbol{x}, t)) \, \varphi(r, t)$$
$$= \alpha_1 \psi_1(\boldsymbol{x}, t) \, \varphi(r, t) + \alpha_2 \psi_2(\boldsymbol{x}, t) \, \varphi(r, t)$$

で表されているが、測定後は

$$\alpha_1 \psi_1' \otimes \varphi_1(\boldsymbol{x}, r, t)$$
$$= \alpha_1 \psi_1'(\boldsymbol{x}, t) \, \varphi_1(r, t)$$

あるいは

$$\alpha_2 \psi_2' \otimes \varphi_2(\boldsymbol{x}, r, t)$$
$$= \alpha_2 \psi_2'(\boldsymbol{x}, t) \, \varphi_2(r, t)$$

のどちらかとなることで、測定前の被測定系の状態が波動関
数 ψ_1 で表される状態であったか、それとも ψ_2 で表される状
態だったかが「測定」されたことになるのだ。

13 素領域理論による観測問題の解決

しかしながら、ここで考察する被測定系は ψ_1 と ψ_2 の重ね合わせの波動関数 ψ が表す運動状態にある 1 個の電子であるため、しかも被測定系と測定系の物理的相互作用を量子力学で記述する限りは線形のシュレーディンガー方程式によって記述されるため、測定前に被測定系が重ね合わせの状態

$$\alpha_1 \psi_1(\boldsymbol{x}, t) + \alpha_2 \psi_2(\boldsymbol{x}, t)$$

にあったならば、被測定系と測定系を合わせた複合系の状態も重ね合わせの波動関数

$$(\alpha_1 \psi_1 + \alpha_2 \psi_2) \otimes \varphi(\boldsymbol{x}, r, t)$$
$$= \alpha_1 \psi_1 \otimes \varphi(\boldsymbol{x}, r, t) + \alpha_2 \psi_2 \otimes \varphi(\boldsymbol{x}, r, t)$$
$$= \alpha_1 \psi_1(\boldsymbol{x}, t) \varphi(r, t) + \alpha_2 \psi_2(\boldsymbol{x}, t) \varphi(r, t)$$

で記述され、測定後にも

$$\alpha_1 \psi_1{}' \otimes \varphi_1(\boldsymbol{x}, r, t) + \alpha_2 \psi_2{}' \otimes \varphi_2(\boldsymbol{x}, r, t)$$

のように必ず重ね合わせの状態になっていなくてはならない。つまり、被測定系と測定系の間の物理的相互作用を量子力学で記述するかぎり、測定による「波動関数の収縮」は生じえないことになる。これが「観測問題」の本質だった。

ところが、量子力学の範囲では解決できない「観測問題」も、量子力学の基礎を与える素領域理論の枠組で「測定」を考察するならば比較的単純な数学的考察によって簡単に解決してしまうことがわかる。

測定系が測定系として機能するためには、測定後の測定系の運動状態を表す波動関数 $\varphi_1 = \varphi_1(r)$ と $\varphi_2 = \varphi_2(r)$ のそれぞれの台（関数が 0 となっていない変数 r の領域）が重なっていないことが必要になる。波動関数 φ_1 の台を σ_1 とし φ_2 の台を σ_2 とすると、σ_1 と σ_2 は共通部分を持たず完全に分離し

ているわけだ。つまり、測定後の測定系の 1 次元の運動状態は領域 σ_1 に限定されたものか、それと重ならない領域 σ_2 に限定されたものになるため、測定後の測定系の運動が領域 σ_1 にあるか領域 σ_2 にあるかを判別することで測定後の測定系の運動状態が φ_1 となっているか φ_2 となっているかがわかる。それに対応して、被測定系の観測前の運動状態が ψ_1 であったか、あるいは ψ_2 であったのかが知られることになる。

それでは、測定後にも

$$\alpha_1\psi_1' \otimes \varphi_1(\boldsymbol{x}, r, t) + \alpha_2\psi_2' \otimes \varphi_2(\boldsymbol{x}, r, t)$$
$$= \alpha_1\psi_1'(\boldsymbol{x}, t)\,\varphi_1(r, t) + \alpha_2\psi_2'(\boldsymbol{x}, t)\,\varphi_2(x, t)$$

のような重ね合わせの状態になっている被測定系と測定系の合成系について、測定後に長時間が経過した時点 $(t \to \infty)$ での波動関数を

$$v(\boldsymbol{x}, r)$$
$$= \alpha_1\psi_1'(\boldsymbol{x})\,\varphi_1(r) + \alpha_2\psi_2'(\boldsymbol{x})\,\varphi_2(r)$$

と記せば、測定系の素粒子の 1 次元運動の確率分布は

$$\int |v(\boldsymbol{x}, r)|^2 d^3x$$
$$= |\alpha_1|^2|\varphi_1(r)|^2 + |\alpha_2|^2|\varphi_2(r)|^2$$

となる。これによって、この確率分布は台が重ならない二つの分離した分布関数の和になっていることがわかる。

このような二つに完全に分離した確率分布関数を持つ 1 次元の確率過程 $r = r(t)$ はその分離領域を越えて移動することができないことが確率論によって示されている。従って、測定後に長時間が経過した頃の測定系の素粒子の 1 次元運動は、もしそれが φ_1 の台 σ_1 の中に存在するならば常に σ_1 の中にとどまり、φ_2 の台 σ_2 の中に存在するならば常に σ_2 の中

13　素領域理論による観測問題の解決

にとどまることになる。測定系の素粒子の運動についてのこの性質が判明しているため、素領域理論においては通常の量子力学では立ち入ることができない部分にまで論考が及ぶことになる。すなわち、測定後に長時間が経過した被測定系の電子と測定系の素粒子の運動がそれぞれ

$$\Delta x(t) = b(x(t), r(t))\Delta t + W(\Delta t)$$

に従う確率過程 $x = x(t)$ と

$$\Delta r(t) = f(r(t), x(t))\Delta t + B(\Delta t)$$

に従う確率過程 $r = r(t)$ として記述され、$b(x(t), r)$ と $f(r(t), x(t))$ がそれぞれ

$$b(x, r) = \frac{h}{m}\frac{\nabla v(x, r)}{v(x, r)}$$

と

$$f(r, x) = \frac{h}{m}\frac{\dfrac{\partial v(x, r)}{\partial r}}{v(x, r)}$$

という形で測定後に長時間が経過した時点での波動関数

$$v(x, r)$$
$$= \alpha_1\psi_1{}'(x)\,\varphi_1(r) + \alpha_2\psi_2{}'(x)\,\varphi_2(r)$$

から与えられる確率変数となっていることまでもが判明しているのだ。

　このとき、仮に測定系の素粒子の位置 $r(t)$ が波動関数 φ_1 の台 σ_1 の中に入っていたとすると、それは常に台 σ_1 の中にとどまるため明らかに φ_2 の台 σ_2 の中に入ることができない。つまり、$\varphi_2(r(t)) = 0$ となる。従って、測定後に長時間が経過した時点での波動関数については

$$v(x(t), r(t))$$

$$= \alpha_1\psi_1{}'(\boldsymbol{x}(t))\,\varphi_1(r(t)) + \alpha_2\psi_2{}'(\boldsymbol{x}(t))\,\varphi_2(r(t))$$

$$= \alpha_1{}'\psi_1{}'(\boldsymbol{x}(t))\varphi_1(r(t))$$

が成り立つため、被測定系である電子については測定後に波動関数 $\psi_1{}'$ で記述される運動が実現されることになり、被測定系の波動関数が測定前の重ね合わせの状態 $\psi = \alpha_1\psi_1 + \alpha_2\psi_2$ から一方のみの状態 $\psi_1{}'$ に「収縮」したことになる。

逆に、測定系の素粒子の位置 $r(t)$ が波動関数 φ_2 の台 σ_2 の中に入っていたとすると、それは常に台 σ_2 の中にとどまるため $\varphi_1(r(t)) = 0$ となる。従って、測定後に長時間が経過した時点での波動関数については

$$v(\boldsymbol{x}(t), r(t))$$

$$= \alpha_1\psi_1{}'(\boldsymbol{x}(t))\,\varphi_1(r(t)) + \alpha_2\psi_2{}'(\boldsymbol{x}(t))\,\varphi_2(r(t))$$

$$= \alpha_2\psi_2{}'(\boldsymbol{x}(t))\,\varphi_2(r(t))$$

が成り立つため、被測定系である電子については測定後に波動関数 $\psi_2{}'$ で記述される運動が実現されることになる。つまり、被測定系の波動関数が測定前の重ね合わせの状態 $\psi = \alpha_1\psi_1 + \alpha_2\psi_2$ から一方のみの状態 $\psi_2{}'$ に「収縮」したことになる。

これが、観測問題解決への大きな鍵となっていた「測定」による波動関数の「収縮」のからくりを解明した、素領域理論からのアプローチの詳細である。

14

抽象的自我とは何か？

　天才数学者フォン・ノイマンが難問中の難問だった「観測問題」を最終的に解決するために登場させたのは、この世界の外に存在しながらこの世界の中の出来事である「被観測系」と「測定系」と「観測系」の間の相互作用過程を「観測」する「抽象的自我」だった。フォン・ノイマンはその「抽象的自我」の実体についてはそれ以上には踏み込まなかったのだが、中込照明博士による「唯心論物理学」においてはそれはこの世界の背後にあって唯一「選択」の自由を持つ「モナド」と呼ばれる存在だとされる。実は、「唯心論物理学」の理論体系は湯川秀樹博士の「素領域理論」のそれと類似の部分が少なくないのだが、特に前者において「モナド」と呼ばれるこの世界の背後に潜む要素は後者における「素領域」の外側に連なる「完全調和」に対応する。

　このことから、フォン・ノイマンが「観測問題」に終止符を打つために持ち出した「抽象的自我」の実体としては、「形而上学的素領域理論」における「完全調和」が最有力候補と

なってくる。つまり、「形而上学的素領域理論」においては、この世界と同義である「空間」の基本構成要素としての「素領域」の間を転移していくエネルギーに他ならない素粒子の運動については、「素領域」の外側に連綿とつながっている「完全調和」が常に接するようにして把握していることになる。あるいは、この世界のすべての素粒子の空間の中での運動は、素領域の外側に広がる「完全調和」である「神」の部分に詳細な履歴を残しながら展開しているのだ。

　既に見てきたように、「素領域」から「素領域」へと転移していくエネルギーである素粒子の運動は、素粒子の生成や消滅がない場合には量子力学という理論的枠組によって記述できることが、「素領域理論」によって示されている。つまり、量子力学の理論体系が成立する背後には「形而上学的素領域理論」の構造があることを忘れてはならないのだが、そこまで量子力学の底辺を広げるならば波動関数が記述する素粒子の運動は、実は「完全調和」の部分に制御されているためなんらかの方法で「完全調和」につながることができれば、それを「把握」するのみならず「手を入れる」ことも可能となる。

　そもそも量子力学における「波動関数」とは、「形而上学的素領域理論」においては「完全調和」の中に存在する「素領域」の分布傾向を表すものであり、従って「完全調和」つまり「神」が「素領域」の分布に「手を入れる」ことでシュレーディンガー方程式ではどうしても記述することができなかった「波動関数」の「収縮」が実現されることは自然なことになる。つまり、この意味において、「形而上学的素領域理論」から導き出された量子力学には、前節で見てきたように最初

94

14 抽象的自我とは何か？

から「観測問題」などは存在しない。あるいは「観測問題」
は最初から解決ずみだったのだ。量子力学において「観測問
題」を解決するためにフォン・ノイマンが必要とした「抽象
的自我」は、「形而上学的素領域理論」においては「神」と
して位置づけられる「完全調和」として、我々の「宇宙空間」
が存在する根底に既に宇宙開闢以前から今に至るまで存在し
続けているのだから。

　このような「抽象的自我」と見られる「完全調和」がすべ
ての「素領域」をその中に「存在」させ、どの「素領域」と
も密に接している構造が「形而上学的素領域理論」の中核に
あるため、そこには「非局所性」と呼ばれる一見不可思議と
思われる効果が表出する。「量子力学」の枠組の中では、こ
れは既に見た波動関数の「もつれ」に起因する効果だと考え
られ、特にアインシュタインによってその存在を指摘され続
けてきた。

　即ち、「完全調和」の「真空」中に「自発的対称性の破れ」
によって生まれた「素領域」が「空間」の構成要素として全
体でこの世界を形作っているため、「空間」の中を運動する「素
粒子」には「素領域」から「素領域」へと転移していく「エ
ネルギー」という実体が伴っていた。そのような「素粒子」
の運動は既に見てきたように「素領域」のその中での分布形
態を規定する「完全調和」の「真空」によって制御され、そ
の結果としてシュレーディンガー方程式を満たす「波動関数」
が運動の詳細を記述するのだった。そして、「完全調和」の「真
空」が「空間」を構成するすべての「素領域」を包括的に統
御するため、その結果を表現する「波動関数」は「もつれ」

95

を持たざるを得なくなり、「素粒子」の運動には不可避的に「非局所性」という異常な性質が入り込んでいくのだ。

　ただし、そのような「波動関数」の「もつれ」も「非局所性」も、「完全調和」の「真空」が「抽象的自我」として「素粒子」の運動を「観測」したときには解消してしまう。すべての「素領域」をその中に包接している「抽象的自我」だからこそ、「素領域」に存在するエネルギーとしての「素粒子」を「素領域」と「真空」との境界面である「覗き穴」から密接に「観測」することができる。つまり、「完全調和」の「真空」の中にあるすべての「素領域」からなる「宇宙空間」の至るところには「抽象的自我」のための「覗き穴」が存在すると考えてよい。

　やはり既に見てきたとおり、「完全調和」の「真空」はまた、我々に「自由意志」を発動させることもできる。即ち、微分方程式の形で与えられるニュートンの運動法則やシュレーディンガー方程式で記述されるこの宇宙の中でのすべての物体の運動は宇宙開闢以来、未来永劫に至るまで完全に定まっているため、我々人間存在もまたこの世界の中の物体である以上我々には「自由意志」などはないことになる。この難点に当初から気づいていたニュートンは、この宇宙の中には至るところに「神の覗き穴」があり、そこからこの世界でのあらゆる現象を世界の外側から「覗き見」している「神」が、必要に応じてこの世界に干渉することで、あたかも我々人間が「自由意志」を発動できたかのように動かされるのだと考えていた。

　このようなニュートンの考えは「形而上学的素領域理論」

の中に発展的に取り込まれ、「神」を「完全調和」の「真空」
と見なし、「神の覗き穴」をすべての「素領域」と「真空」
の間の境界面とすることで、「形而上学的素領域理論」には
「自由意志問題」は最初から存在しないことが示されていた。
そして今回示されたのは、「観測問題」もまた「抽象的自我」
を「完全調和」の「真空」と見なし、その「抽象的自我」が
この世界の中を「観測」するための「覗き穴」を、すべての
「素領域」と「真空」の間の境界面とすることで、「形而上
学的素領域理論」には「観測問題」も最初から存在しないこと
になるということだ。ということは、「形而上学的素領域理
論」においては、量子力学における「観測問題」を解決す
るためにフォン・ノイマンが見出した「抽象的自我」と、「自
由意志問題」を解決するためにニュートンが見出した「神」
とが同じもの、つまり「完全調和」の「真空」だというこ
とになる。

　そう、「抽象的自我」は「神」に他ならなかったのだ。

　そして、その「神」によってこの宇宙の至るところにある
「神の覗き穴」をとおして我々人間に与えられているのが「自
由意志」だった。だが、アイザック・ニュートンの時代に考
えられていた「この宇宙の至るところ」と、エルヴィン・シュ
レーディンガーや湯川秀樹博士の時代のそれとは、意味が大
きく違ってくるのではないだろうか。それでもなお、「自由
意志」もまた「素領域」レベルで「この宇宙の至るところ」
にある「神の覗き穴」を介して「神」としての「完全調和」
から与えられると考えるならば、ここで一つの当然の帰結と
して新たな驚愕の事実が浮かび上がってくる。それは

「人間に自由意志があるなら電子やクォークなどの素粒子にも自由意志がなくてはならない」

ということだ。

一見してありえないことのように思えるのだが、実は既に量子力学の数学的な枠組の中で最近になって証明されてしまった。これもまた、「形而上学的素領域理論」が与える自然観の正しさを物語っている。

Bonheur（幸せ），2013 年，215 × 1000㎝，油彩 キャンバス，
©morio matsui

15

神による統御と非局所性

　このように量子力学での不可思議な理論的結論のすべては「形而上学的素領域理論」の枠組の中で説明がつくのだが、そこでは「完全調和」の「真空」において「完全調和」なるがゆえに存在する絶対的なつながりの存在が重要となってくる。ここではスピノール粒子に対するスピン観測についての具体論によって、神が遠隔瞬間操作をすることを示しておく。

　典型的なスピノール粒子は電子であり、既に水素原子中の電子について見てきた如く負の電気素量を持つが、それ以外に

$$\frac{h}{2}$$

の大きさのスピン角運動量と呼ばれる物理量を持っている。このスピン角運動量を電子の自転に付随する角運動量と見なす素朴な描像も可能だが、形而上学的素領域理論においてはそれよりも電子の背後にある入れ物としての素領域の幾何学的構造が回転群の二価表現となっていると考える。電子のス

15 神による統御と非局所性

ピン角運動量は任意の連続的な値を取ることはできず、どのような回転軸についても＋ $(h/2)$ あるいは－ $(h/2)$ のどちらかの値しか取ることができない。仮に電子のスピン角運動量をある回転軸の方向（それを z 軸と呼ぶことにして）で測定して＋ $(h/2)$ の値を得たとする。量子力学のコペンハーゲン解釈によれば、この測定によって電子の運動状態はスピン角運動量が＋ $(h/2)$ の値を取る状態となっているため、直後に再度 z 軸方向のスピン角運動量を測定しても必ず＋ $(h/2)$ となるのだが、この事実は実験によって確認されている。

　それではこの z 軸方向に＋ $(h/2)$ の値を取る運動状態の電子について、z 軸に垂直な方向（それを、x 軸と呼ぶ）についてのスピン角運動量を測定するとどのような値を示すのだろうか？　＋ $(h/2)$ と－ $(h/2)$ の間の中間の値を取ることは許されず、x 軸方向の電子のスピン角運動量もまた＋ $(h/2)$ か－ $(h/2)$ のどちらかの値を取るのだが、測定の軸方向はそれぞれの値を取る確率にのみ反映してくる。z 軸に垂直な x 軸方向であればそれぞれの確率は共に 0.5 となるが、z 軸に斜めの方向の軸であればそれぞれの確率は方向によってかたよってくる。その理由は電子のスピン角運動量の運動状態には独立なものが二つしかないことによる。〈z 軸方向にスピン角運動量＋ $(h/2)$ の運動状態〉と〈z 軸方向にスピン角運動量－ $(h/2)$ の運動状態〉を電子のスピン角運動量についての独立な二つの運動状態とすると、電子のスピン角運動量のあらゆる運動状態がこの二つの独立な運動状態の重ね合わせとして表されるわけだ。〈x 軸方向にスピン角運動量＋ $(h/2)$ の運動状態〉であれば、それは

101

〈x 軸方向にスピン角運動量＋ ($h/2$) の運動状態〉
　＝ ($1/\sqrt{2}$) 〈z 軸方向にスピン角運動量＋ ($h/2$) の運動状態〉
　　＋ ($1/\sqrt{2}$)〈z 軸方向にスピン角運動量－ ($h/2$) の運動状態〉

といった重ね合わせとなる。

　ここで二つの電子がなんらか互いに束縛状態を作り、一つ
の複合粒子としてスピン角運動量が 0 となっている状況を考
えよう。二つの電子のスピン角運動量はそれぞれ ($h/2$) の大
きさを持っているため、複合粒子としての合成されたスピン
角運動量が 0 となるためには、それぞれの電子は互いに逆向
きのスピン角運動量を持つことになる。そして、この複合粒
子が分裂し二つの電子がそれぞれ反対の方向に運動して遠く
に離れてしまった状況を想定する。このとき、たとえ遠くに
離れていても二つの電子の合成されたスピン角運動量は保存
されるため常に 0 という値となっている。そのため分裂前も
分裂後も複合粒子のスピン角運動量の状態は同一に保たれて
いるが、たとえばそれが z 軸方向のスピン角運動量について

　　〈一方の電子が z 軸方向にスピン角運動量 ($h/2$) の運動状
　　態〉 $\otimes$ 〈他方の電子が z 軸方向にスピン角運動量－ ($h/2$)
　　の運動状態〉

と

　　〈一方の電子が z 軸方向にスピン角運動量－ ($h/2$) の運動

102

状態〉⊗〈他方の電子が z 軸方向にスピン角運動量 $(h/2)$ の運動状態〉

の重ね合わせ

$(1/\sqrt{2})$〈一方の電子が z 軸方向にスピン角運動量 $(h/2)$ の運動状態〉⊗〈他方の電子が z 軸方向にスピン角運動量 $-(h/2)$ の運動状態〉$+ (1/\sqrt{2})$〈一方の電子が z 軸方向にスピン角運動量$-(h/2)$ の運動状態〉⊗〈他方の電子が z 軸方向にスピン角運動量 $(h/2)$ の運動状態〉

となっているとしよう。

分裂後に互いに遠くに離れていても、二つの電子についてスピン角運動量に関してはこの重ね合わせが持続され、一方の電子の z 軸方向のスピン角運動量を測定した時点で重ね合わせが解消され、測定結果に応じて

〈一方の電子が z 軸方向にスピン角運動量 $(h/2)$ の運動状態〉⊗〈他方の電子が z 軸方向にスピン角運動量$-(h/2)$ の運動状態〉

あるいは

〈一方の電子が z 軸方向にスピン角運動量$-(h/2)$ の運動状態〉⊗〈他方の電子が z 軸方向にスピン角運動量 $(h/2)$ の運動状態〉

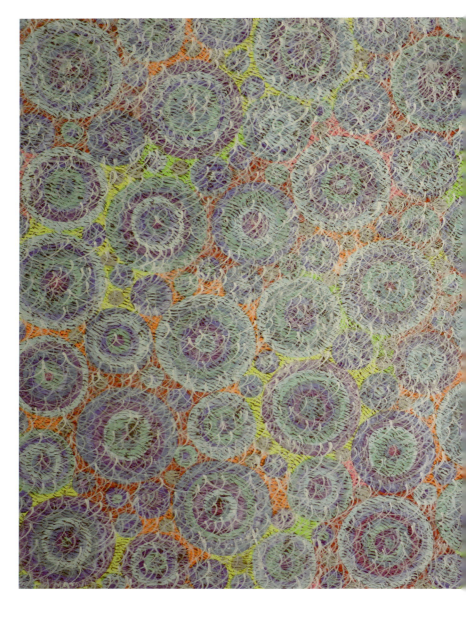

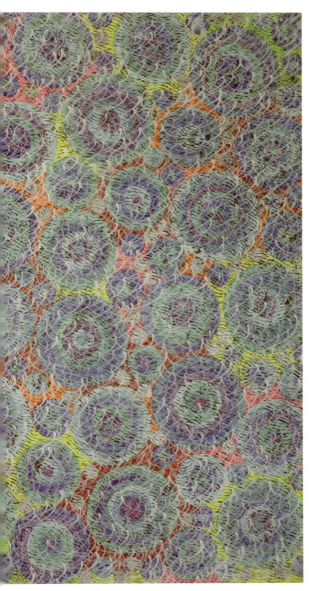

Univers (1)，2016 年，60F 号（97 × 130㎝），油彩 キャンバス，（京都 大原三千院・所蔵）©morio matsui

のどちらかに収縮することになる。

　そして、ここが問題となるのだが、この変化は実際に測定を行った一方の電子から既に遠く離れて存在している他方の電子に瞬時に伝わっていることだ。既に見てきたように素領域から他の素領域へと転移していくエネルギーである素粒子の中ではスカラー光子が最も速く、他の素粒子と相互作用をしなければ常に光速度 c で移動する。そのため、我々の宇宙空間の中では光子を含めていかなる素粒子も光速度 c よりも速く運動することはできない。つまり、この宇宙空間においてはなんらかの素粒子を移動させて相互作用させる伝達手段は光速度 c を超える早さでは実現不可能となってしまう。

　従って、分裂後に互いに遠くに離れてしまった二つの電子の間で、一方の電子のスピン角運動量が測定されたことによる運動状態の変化が、他方の電子の運動状態に瞬時に影響を及ぼすという事実は、空間の中を素粒子が移動していくことでのみ物理的な影響が伝播していくと考えるかぎりでは、理解することができない。量子力学のコペンハーゲン解釈においては、このように観測によって素粒子の運動状態が収縮することによって、遠く離れた二点間を瞬間的につなぐ効果が認められるが、このような「非局所性」が光速度最大を前提とする相対性理論に反するとしてアインシュタインによって問題視されることになった。ところが、近年になって実現した実験によって実際に遠く離れた二点間を同時的につなぐ効果の存在が明らかとなり、量子力学の「非局所性」に軍配が上がる結果となる。

15 神による統御と非局所性

　空間的に離れた二つの場所で生じる物理的効果の間に同時性があるということは、両者の間になんらか光速度を超えて瞬間的に伝わる現象が存在するわけだが、アインシュタインの相対性理論における光速度最大という大前提に慣れきった物理学界には、未だに完全には受け入れられていない。もちろん相対性理論は光速度を超えて運動する素粒子の存在を許さないわけではなく、「タキオン」と呼ばれるそのような素粒子は理論的には存在しうるのだが、光速度を超えない運動しかできない既知の素粒子とは相互作用できないために物理的効果を及ぼすことはできないとされる。従って、現在では実験的に認められている量子力学の「非局所性」の効果の背後にある同時性のメカニズムを、理論的に説明することはできていない。その理由は、通常の物理学の枠組においてはこの世界の内側、つまり宇宙に広がる空間の中で生じる現象のみを考察し、この世界の外側がどのような構造となっていていかなる現象が生じているかについては、まったく考慮されないことにある。

　我々の世界の外側という概念自体、物理学を基本とする自然科学の中ではタブー視され続けてきたため、これまでは神学などと同じ形而上学の範疇に押し込まれてしまっていた。ところが、量子力学における「非局所性」という不可解な効果の発見は、この宇宙においては「神による統御」によって予定調和的な同時性が実現しているという真実を突きつける結果となっただけでなく、その真実の背後に隠されている新たな宇宙の構造にまで、物理学の枠組を広げていく必要性をも示すことになったのだ。なぜなら、この世界の外側にある

広義の「宇宙」における形而上学的な現象を支配する原理や法則、つまりは「神の物理学」とも呼ぶべき理論体系を明らかにしないかぎり、いつまでたっても量子力学に内在する「非局所性」の所以を理解することはできないのだから。

そして、まさにこのような必要性に可及的速やかに応えることができる理論的枠組として提唱されたものが、本書でご紹介する形而上学的素領域理論に他ならない。

Legion d'honneur, 2003-4 年, 60F 号（97 × 130cm）, 油彩 キャンバス,
©morio matsui

16

時間と宇宙森羅万象方程式

　既に第5節で見てきたごとく、形而上学的素領域理論において この世界、すなわちすべての素領域の集まりとして存在する「空間」の中に時間の刻みが生まれるのは、「空間」の素となるそれぞれの素領域に接する「完全調和」が全体として「一つに統一されている」ためだった。このような完全調和の部分が全体として持つ性質が個々の素領域に時間の刻みを与えるのだが、通常の物理学の範疇においてはこの世界の外側に隠された構造についてまったく考慮されることがなかったため、そもそも「時間」というものについての理解はこの世界の中での様々な周期現象の間の比較の域を超えるものではなかった。つまり、量子力学における「非局所性」と同様に、「時間」は自然現象の認識の中に歴然と存在するものであって、その実体についてはまったく解明されずじまいだったといえる。

　形而上学的素領域理論においては、この宇宙空間の中でどれか一つの素領域から近傍にある別の素領域へとスカラー光

子である「クロノン」が転移する毎にすべての素領域を取り囲む完全調和の部分が統一した影響をすべての素領域に与えることで、それぞれの素領域が「今」の状態から時間が一刻みだけ進んだ新たな「今」の状態になる。このとき、空間を構成するすべての素領域の中に存在する復旧エネルギーとしての様々な素粒子の運動を数式記述する場合には、中込照明博士による「量子単子論」の中で示されたように、デジタル電子計算機システムに用いられるプログラミング言語にある「代入文」を用いるのが一般的である。

　典型的な代入文は

$$A = B$$

のような等式の形をしているが、その意味は通常の数学一般でのように

　「A と B が等価」

ということではなく、

　「記憶領域 A に、記憶領域 B に記憶されていた内容を記憶させる」

という処理を表している。このような代入文を利用すれば、時間が一刻み進むことでこの宇宙空間のすべての素領域の中に存在していたすべての素粒子がどのように再配置されるのかを記述する数式を簡明に書き表すことができる。すなわち、プログラミング言語において記憶領域と考えられていた A や B を素領域と考えることにし、代入文

$$A = B$$

を

　「素領域 B にあった素粒子が時間の一刻みによって素領

域 A に転移する」

と理解するのだ。

　素領域の個数は高々可算無限個であるためすべての素領域を自然数 $i = 1, 2, 3, ...$ によって番号づけをすることができる。すると i 番目の素領域を $S(i)$ と記すことができるため

　　「j 番目の素領域 $S(j)$ にあった素粒子が時間の一刻みによって i 番目の素領域 $S(i)$ に転移する」

ことは

　　$S(i) = S(j)$

という代入文によって表されることになる。さらには、すべての素領域から構成される我々の宇宙空間におけるすべての素粒子の転移運動、つまりこの宇宙における日月星辰森羅万象はプログラミング言語によって表された方程式によって以下のように記述される。

```
while(tictac)
{
  i = 0
  for(i = i + 1)
  {
    j = 0
    for(j = j + 1)
    {
      S(i) = K(i, j) S(j)
    }
  }
}
```

これは「宇宙森羅万象方程式」とでも呼ぶべき、完全調和の中に自発的対称性の破れとして生まれたすべての素領域の集まりからなる我々の宇宙の中に繰り広げられるすべての物理現象を記述する形而上学的素領域理論における基礎方程式に他ならない。

　ここで $tictac$ は時間が一刻みだけ進むごとに単調に増加する変数であり、$K(i, j)$ はその時間の進みによって j 番目の素領域から i 番目の素領域へと素粒子が転移することを表す記号で、0か1かの値しか取らない変数となり、0のときは転移はなく、1のときに転移が生じることを表す。クロノンつまりスカラー光子の他に時間の進み $tictac$ が一刻みだけで他の素領域へと転移できるのはベクトル光子と呼ばれる光子のみであり、その他の素粒子はすべて時間の進み $tictac$ が二刻み以上増えたときに転移することになる。このような素粒子のすべての種類をも網羅していることを明記するためには、上記の宇宙森羅万象方程式は正確には素粒子の種類を通し番号 $\alpha = 1, 2, 3, \ldots$ で表すことにして

```
while(tictac)
{
  α = 0
  for(α = α + 1)
  {
    i = 0
    for(i = i + 1)
    {
      j = 0
```

16 時間と宇宙森羅万象方程式

```
for(j = j + 1)
{
    S(α, i) = K(α, i, j) S(α, j)
}
}
}
}
```

と書かれなければならない。このとき $S(α, i)$ は i 番目の素領域に $α$ 種の素粒子を表す復旧エネルギーが存在するか否かを表す変数となる。また、$K(α, i, j)$ はその時間の進みによって j 番目の素領域から i 番目の素領域へと $α$ 種の素粒子が転移することを表す記号で、0 か 1 かの値しか取らない変数となり、0 のときは転移はなく、1 のときに転移が生じることを表すのは同様である。

　あるいは、湯川秀樹博士が当初に想定されたように、素粒子の種類が実は素領域の種類に帰着されるものであるならば、素粒子の種類を表すための通し番号 $α$ は素領域を区別する番号 i に含まれるため、「宇宙森羅万象方程式」は先に登場した形で充分となる。そのため、今後は湯川博士の考えに従って素粒子の種類が素領域の種類によるものであるとし、先出のより簡単な形の方程式のみを考察していく。

　この宇宙森羅万象方程式は計数型電子計算機の処理手続きを記述するコンピューター言語における代入文を利用して書き表されているため、そこには通常の物理学理論にあるような時間の経過を表す径数（パラメーター）t は登場していない。変数は常に「今」の値を示し、その変化が代入文によって実

113

現しているために、この方程式においては表面から「変化する今」あるいは「流れる今」という概念が消えている。「変化する今」という概念が生まれるためには時間経過を表す径数 t を絶えず参照していく必要があるのだ。

　むろん、時間の進みを表す変数 *tictac* を時間経過径数 t としてあからさまに宇宙森羅万象方程式の各項に登場させることもできるが、それは既に第3節で見てきた量子力学と場の量子論の理論的枠組となっていく。ただし、そのような「変化する今」を常に参照する通常の物理学における記述方式を採用するならば、世界の外側に隠された構造についてはまったく考慮されなくなるため、「時間」の本質についての理解からは遠ざかってしまう。

17

今から見た過去と未来

　前節で提示したこの宇宙におけるすべての素粒子の発展を総括的に記述する「宇宙森羅万象方程式」においては、この世界における「今」の状況がどう変わろうとしているかが描かれていた。すなわち、どの素領域に存在していた復旧エネルギーとしての素粒子が、どの素領域へと転移していくかを、クロノンであるスカラー光子が素領域から素領域へと転移するタイミングを基準として表していた。そして第４節で示したように、このスカラー光子はまた真空の中に自発的対称性の破れによって発生した素領域の全体集合を３次元ユークリッド空間と見なす基準をも与えてくれていた。

　そう、この宇宙の「今」は３次元ユークリッド空間の中に埋め込まれた素領域の全体集合の中に分布する復旧エネルギーの大小を濃淡として描かれた、一つの３次元模様に他ならないのだ。

　素領域の全体集合の上にこのスカラー光子が張る被覆空間としての３次元ユークリッド空間 $\boldsymbol{R}^3$ を、時間の経過を表す

時間パラメーター t を径数として連続直積空間とした集合

$$\prod_t \boldsymbol{R}^3$$

を導入すると、それは 4 次元ユークリッド空間 $\boldsymbol{R}^4$ に等しくなる。

$$\prod_t \boldsymbol{R}^3 = \boldsymbol{R}^4$$

これは4次元時空と呼ばれる。この4次元時空には通常はユークリッド距離とは異なる非正値距離を入れてミンコフスキー空間と呼ぶことになっているが、ここでは非正値距離を入れることは本質的ではないため触れないでおく。

　この宇宙の「今」はこの 4 次元時空の一つの断面として与えられる 3 次元ユークリッド空間の中に描かれた 3 次元模様と理解できたが、「今」から見て「未来」に対応するこの宇宙の状況は $u > t$ となる時間パラメーターの値 u での 4 次元時空の領域に描かれる 4 次元模様によって表される。同様に、「今」から見て「過去」に対応するこの宇宙の状況は $s < t$ となる時間パラメーターの値 s での 4 次元時空の領域に描かれる 4 次元模様によって表される。これら未来と過去の 4 次元模様はそれ自体が宇宙森羅万象方程式によって描き上げられるもので、4 次元時空の中での分布形態としては我々の 3 次元的な想像力の及ぶところではない。

　それはまさに、平面的に描かれた意味不明の 2 次元模様でしかないホログラム（立体写真フィルム）に光を投じることで、その 2 次元平面の上の 3 次元空間や下の 3 次元空間に立体的な映像が描かれるホログラフィー（立体写真）に似ている。そこでは意味不明の 2 次元模様であるホログラムと意味ある 3 次元立体映像であるホログラフィーをつなぐのは、フーリ

17 今から見た過去と未来

エ変換を応用することで考案されたガボール変換という数学的な手続きとなっている。これと同様に、「今」の宇宙の断面という意味ある3次元模様を3次元ホログラムと考えたとき、意味不明の4次元模様として4次元時空の中に描かれる二つの4次元模様は4次元ホログラフィーとなり、両者をつなぐ数学的な手続きが宇宙森羅万象方程式に他ならない。

形而上学的素領域理論においては、その基礎方程式が宇宙森羅万象方程式のような代入文形式となっていることからもわかるように、通常の物理学理論で常識的に使われる「流れる今」を常に参照する記述形式ではなく「今」のみに終始する記述形式が用いられる。そのため、未来の世界や過去の世界といった、我々の日常的な思考においてはその存在が当たり前のようになっている「未来」と「過去」について「今」と対立するような捉え方をすることが難しい。

それは、前節で見たように、そもそも時間というものはこの宇宙の中に存在しているものではなく、この宇宙の外側である完全調和の真空の部分が完全にひとつながりになっていることから生まれる素領域間の非局所的な完全同期によって、宇宙全体の素領域を貫いている「あの世からの囁き」つまり「神の囁き」に他ならないからだ。実際のところ、時間というものは実際には存在せず、「過去」は我々の記憶の中にのみ仮想的に存在し「未来」は我々の希望の中にのみ仮想的に存在するということを唱ったポルトガルのノーベル文学賞受賞者もいる。4次元時空という仮想的な4次元空間の中で「今」の世界を表す3次元の断面の前と後ろに、宇宙森羅万象方程式によって描き出された二つの4次元模様をそれぞ

117

れ「未来」や「過去」と位置づけてみたところで、宇宙森羅万象方程式の代入文が表すのは常に「今」の宇宙の状況でしかない。

　虚無的に聞こえるかもしれないが、「未来」も「過去」もホログラフィーとして仮想的に描かれた立体図形のようにまったく実体をともなわないものでしかない。すべては「今」にあり、「今」がすべてなのだ。

18

霊魂とモナド

　ここまで形而上学的素領域理論を展開してきたのだが、ここで重要な疑問が浮かんでくる。それは、宇宙や空間と呼ばれるこの世界とその外の世界である真空あるいは神と呼ばれる完全調和について論考を重ねている「我々」という存在は、いったいどのようなものなのだろうかという疑問だ。むろん「我々」を「私」や「人間」に代えても同じことで、古来より「今」に生きる多くの哲学者や思索家たちによって「私とはなにか？」あるいは「人間とはなにか？」という問いかけがなされてきてはいる。しかしながら、この根元的な問いに対して肉薄できた者は、世界広しといえどもゴットフリート・ライプニッツなどほんのわずかの先人しかいない。中でもライプニッツの「単子論（モナドロジー）」は「私」の秘奥に位置する「心」の本質を明らかにする論考をも可能とし、逆にそれを現代物理学の基礎づけのための理論として中込照明博士によって「唯心論物理学」の枠組としての「量子単子論」として生まれ変わったことは特筆に値する（巻末付録参照）。

Yamato-Damashii（Ⅲ），2012 年，215 × 1000㎝， 油彩 キャンバス，
©morio matsui

実は中込の「量子単子論」の考え方は形而上学的素領域理論のそれと非常に近いものがあり、美しい数学的枠組によって抽象化の極に迫る「量子単子論」についての一つの具体的なモデルとなるのが形而上学的素領域理論であるのかもしれない。以下では、そのような理論的背景をふまえながら、ライプニッツと中込による抽象論を形而上学的素領域理論の上に具体的に展開することで、まずはこの宇宙における多様で複雑な物質の存在形態がどのような働きによって実現しているのかについてお伝えする。その後、次節において、「心」や「命」の本質を明らかにしていく。

　完全調和のみが存在する真空において、その完全調和が自発的に破れた部分の最小単位を素領域と呼び、そのすべての素領域が離散的に集まったものが宇宙あるいは空間と呼ばれるものだった。したがって、この宇宙は完全調和の中に内包される。このとき、一つの完全調和と捉えられているこの宇宙が有限個の部分に分けられていると考え、その部分を「単子（モナド）」と呼ぶことにする。モナド（単子）の個数 N は非常に大きな自然数となるが、たかだか有限個にとどまるとする。これにより真空は N 個のモナドから構成されることになるが、モナドとモナドの間の境界は複雑に入り組み、絶えず変化する。そのため、一つのモナドの中の素領域が隣接する他のモナドの中の素領域となることも珍しくはない。

　素領域の全体集合がこの宇宙空間を構成するわけだから、素領域と素領域の間であるこの宇宙の「外側」である「あの世」は完全調和の真空となっている。つまり「この世」である宇宙空間の最小構成要素としての素領域を空間の中の点と見な

すならば、点と点の間には必ず「この世」の外側に位置する「あの世」が存在する。そして、「あの世」は有限個のモナドに分けられているため、「この世」を構成するすべての素領域のそれぞれはいずれかのモナドの中に存在する。このモナドは素朴な言葉では「霊魂」と呼ばれてきた存在を形而上学的素領域理論の中で表現するために導入されるものだが、その実体は「真空」あるいは「神」と呼ばれた唯一絶対の完全調和を分割したものに他ならない。

　有限個とはいえ文字どおり天文学的な個数だけ存在するモナドとしては、もちろんその中に素領域を一つも内在させていないものもありうる。だが、すべての素領域の集まりがこの宇宙であることから、このように素領域を内在させていないモナドはこの宇宙とは直接に関連することのない完全調和の一部となり、この宇宙における純粋に物理現象のみを考察する狭い意味の物理学においては興味ある考察対象とはならない。そこで必要となるのはこの宇宙の裏側と目される、この宇宙を構成するすべての素領域を囲むようにして存在する最小限の完全調和を分割して得られるモナドなのだ。そのようなモナドは「霊」あるいは「霊体」と呼ばれ、素領域をまったく内在させていないモナドは「聖霊」と呼ばれるが、あくまで形而上学的素領域理論の中での用語であって素朴な宗教的概念ではないことを明示するために、以下ではそれぞれを「霊モナド」及び「聖霊モナド」と呼ぶことにしたい。このとき、「霊モナド」と「聖霊モナド」の総体が「神」あるいは「真空」と呼ばれる唯一絶対の完全調和となる。

　聖霊モナドの中に素領域が発生するならばそれは霊モナド

となるし、逆に霊モナドの中に存在していた素領域がすべて消滅してしまうならばそれは聖霊モナドとなる。このような霊モナドと聖霊モナドの間の転換事象は「天使」とか「権現様」と呼ばれる、洋の東西を問わず非常時に我々を助けに現れるとされる神の使いの存在を説明するために必要となるのだが、これについての詳説は未だ世の中からは受け入れられない感があるため、この程度にしておきたい。以下では、この宇宙における物質の成り立ちや生命現象の背後に潜む霊モナドの役割について述べておく。

この宇宙の中に存在する物質はすべからく素粒子の集合体であり、既に見てきたように素粒子は素領域から素領域へと転移することができるエネルギーに他ならなかった。そして、それぞれの素粒子が素領域から素領域へと転移していく現象が空間の中での素粒子の運動であり、その素粒子の運動を制御するものが量子力学における波動関数という形で表現される、真空における素領域の分布形態であった。つまり、この宇宙の中における物質の最小構成要素である素粒子の運動を規定するものは、実はこの宇宙の裏側として宇宙空間の最小構成要素としての素領域を包み込んでいる完全調和の真空ということになる。

このことから、この宇宙の中に見られるミクロのスケールからマクロのスケールまでの森羅万象複雑多岐にわたる物質形態の背後でそこに関わる多数の素粒子を統一的に制御している完全調和の真空を、それぞれの物質形態の背後ごとの完全調和に分けて捉えることに一理あると思われる。実は、完全調和の真空を多数のモナドに分割する考え方の本質は、そ

れぞれ一体として統一された物質存在の背後にその物質存在
を構成するすべての素粒子の運動を制御する一つの霊モナド
がこの宇宙の裏側に存在するという点にある。たとえば地球
や火星などの太陽系内惑星のそれぞれを安定な物質形態とし
て存在させるために、その背後には「地球モナド」や「火星
モナド」とでも呼ぶような霊モナドがこの宇宙の裏側に存在
しているし、それらの太陽系内惑星が太陽の周囲を公転する
ように統一的な運動制御をしている「太陽系モナド」と呼べ
るような霊モナドも存在する。

　さらには、太陽と同じような恒星の周囲を惑星が公転する
他の恒星系の背後には「恒星系モナド」があり、太陽を含
めて多数の恒星系が全体として渦巻きを巻くように中心部の
周囲を公転する天の川銀河系が安定に存在するように全体を
統一的に運動制御している「天の川銀河系モナド」と呼ぶべ
き霊モナドも存在している。天の川銀河系に属する恒星や恒
星間物質については、それら全体の質量の総和がそれぞれの
恒星などを万有引力によって中心部に引きつけて公転させる
にはあまりにも足りないため、我々がまだ見出していない未
知の物質あるいはエネルギーが天の川銀河系空間に存在して
いると考えられ、それを「ダークマター」あるいは「ダーク
エネルギー」と呼んでいる。

　しかしながら、現在知られている天の川銀河系内の恒星や
恒星間物質の全質量の８倍以上もの物質が隠れて存在してい
るとは考えにくいのも事実ではあるが、通常の物理学の範囲
では銀河系の渦巻き構造を安定に存続させるためにはニュー
トンの万有引力あるいはアインシュタインの一般相対性理論

による天の川銀河系空間のゆがみに帰着させる以外に方法がないため大量の「ダークマター」が隠されているとしているようだ。ところが、形而上学的素領域理論においては天の川銀河系の物質形態をこの宇宙の背後から支えている「天の川銀河系モナド」をも想定しているため、たとえ万有引力理論や一般相対性理論では銀河系内における恒星の公転を説明できないとしても、「天の川銀河系モナド」が完全調和としてそこに内包されるすべての素領域を統一的に制御することによって天の川銀河系空間におけるすべての素粒子の運動が、あたかも万有引力理論や一般相対性理論が予測する8倍以上もの引力で銀河系中心部に引きつけられるかのようになると考えることができる。

　天の川銀河系を含め、この宇宙に存在する銀河系の集団は全体として3次元立体的な網目構造あるいは格子構造を造り上げるように宇宙空間の中に立体周期的に分布しているという観測結果が知られている。そのような立体周期構造が宇宙スケールの如何なるメカニズムによって生じているのかについてはほとんど何も解明されてはいないのだが、ここにおいても形而上学的素領域理論におけるモナドの考え方を用いることが解明の糸口となるかもしれない。それは、この宇宙のすべての素領域を内包する一つのモナドを考え、「宇宙モナド」と呼ぶべきそのモナドがこの宇宙の空間のすべてを構成する素領域を統一的に制御することで、結果としてこの宇宙に存在する数多くの銀河系が宇宙空間の中に立体格子状の分布を示すようになるとするのだ。

　このようにすべてをモナド、すなわちこの宇宙の背後にあ

18 霊魂とモナド

る完全調和の働きに帰着させる考え方は、通常の物理学の上に立脚する現代科学において未解明の事柄を「あの世」というこの世界の外側における何らかの作用の結果として生じているとして、つまり「神の働き」でそうなるとしてそれ以上の考察を停止させてしまう弊害があるという意見も一理ある。それが単に「神の働き」としてしまう宗教的な逃げ口上とならないためにこそ、形而上学的素領域理論のような新しい物理学の枠組において「神」及び「神の働き」までも見極めていく必要があるのではないだろうか。その意味で、形而上学的素領域理論の研究を展開していくことは、我々人類に最後に残された究極の課題に違いない。本書がそのような研究の草分けとなるなら、これに勝る喜びはない。

19

生命の本質

　前節においては、この宇宙における物質存在の背後に「モナド」というものがあることを、地球と「地球モナド」から始めて、宇宙と「宇宙モナド」に至るまで物質の存在形態のスケールを上げながら見てきた。今度は、地球と「地球モナド」から始めてそのスケールをだんだんに下げていくことで、生命現象の本質に位置する「生命」あるいは「命」について形而上学的素領域理論の枠組の中で論じていくことにする。地球という物質はその中心から遠い部分から中心部に向かって、電磁気圏、電離層、大気圏、海洋、地殻、マントル、地核という構造を示しているが、これらの構造圏は物理学的にはそれぞれ電磁場、プラズマ、気体、液体、固体、高圧液体、超高圧液体という物性を持っている。

　それらの構造体がそれぞれ安定に存在しているのはエネルギー的に見てエネルギーの低い平衡状態となっているからとは考えにくく、特にマントルや地核についてはそこに実現している動的平衡状態のメカニズムについては今後の研究に期

19 生命の本質

待せざるをえないのが現状となっているようだ。やはり、それらの構造体が安定に存在するのは、この宇宙の裏側にある「地球モナド」の働きでこれらの構造体の最小構成要素である多数の素粒子の運動をそれらの運動の舞台となっている素領域の分布を統一的に制御しているからではないだろうか。そのような形而上学的素領域理論の観点を押し進めるならば、「地球モナド」も「電磁気圏モナド」、「電離層モナド」、「大気圏モナド」、「海洋モナド」、「地殻モナド」、「マントルモナド」、「地核モナド」というように分化しているとも考えられる。さらには、たとえば「地殻モナド」は様々な大きさの「プレートモナド」に分化しているために、実際の地殻もそのような複数のプレートに分かれて互いに連携しながら存在しているし、プレート上の大陸や海底に存在する岩盤や、それよりもスケールの小さい岩石等が分化して安定に存在する背景にも、「岩盤モナド」や「岩石モナド」といったこの世界の裏側にあるモナドの分化が反映されているのかもしれない。

　地球における多種多様な物質の存在形態の中で最も顕著に大別されるものに、「生物」と「無生物」、すなわち生命のある物質形態と生命のない物質形態がある。現代の最先端の生物学や生命科学の研究成果をもってしても、生命の本質、つまり無生物からどのようにして生物が発生したのかについてはまったく解明されていないし、人工的に無生物に生命を与えて生物を創り出すこともできていない。さらに指摘するならば、そもそも「生命」ないしは「命」というものがいったいどのようなもののことをいうのかさえわかってはいないのだ。生物と無生物の間の区切りは誰の目にも明らかなのだが、

129

いったい何が生物を生物たらしめているのかという肝心の疑問については、誰一人として答えることができていないのが事実。

　科学者でない思想家や一般人が持つ素朴なイメージとして、「生物は生命力を持つが無生物は生命力を持たない」というものがあるが、そこに登場する「生命力」という表現については多くの人がある程度納得しているように思われる。しかしながら、その「生命力」を科学の範疇で模索し始めたとたん、どこを探しても手がかりすら出てはこない。それもそのはず、直感で得られたこの「生命力」というものは物理学をその根幹に据える現代自然科学の枠組の中にあるものではなく、本来は形而上学の中でのみ捉えられうる概念でしかない。つまり、形而上学的素領域理論におけるモナドの考え方を用いることによってしか、それをこの世界における生物と無生物の間の区別の本質として表現することはできないことになる。

　地球上に存在する物質形態のうちで「生物」と呼ばれるものは「単細胞生物」と「多細胞生物」に大別され、それらの最小構成単位は「細胞」と呼ばれる有機組織体となっているが、その中にも「細胞核」や「ミトコンドリア」などの組織があり、「ＤＮＡ」や「ＲＮＡ」さらには外来の「ウイルス」などの高分子構造が含まれている。これらの構造体がそれぞれ有機的に働くことによって「細胞」は周囲の環境との間でエネルギーや物質のやりとりをしたり移動するなどの「生命活動」を維持し続けることができるし、そのような働きができなくなった場合には「生命」を失ったと理解される。「命」

を失った細胞の各組織は、それらを有機的に結びつけていた結合水が無機的な通常の水に戻ることで生じる酸化反応、塩化反応、硫化反応等によって腐敗していき最終的には無生物の状態、つまり「死んだ」状態になってしまう。

　このように、生物はそれが発生したときからの「生きた」状態が維持されているときには「生命」ないしは「命」があるとされ、それが維持されなくなった、すなわち「生命」がなくなったときに「死んだ」状態となって無生物となると考えられている。ところが、「生命」があって生きている状態に細胞や生物を維持している「生命活動」が複雑な多細胞生物の中で、どのようにして統一的に制御され実現されているのかはおろか、単細胞生物の中での「生命活動」のメカニズムの詳細すらわかってはいない。細胞膜の表面に分布するイオンポンプなどの様々な機能性高分子の配置や動作を制御する存在としては、細胞膜に接する水と電磁場の相互作用によって生まれた結合水などが考えられているが、それらの結合水がどのようにして細胞全体さらには無数の細胞集団全体にわたって有機的にそれらの働きを統御しているのかについては、まったく未解明のままとなっているのだ。

　おそらく、この世界の中で繰り広げられている物理現象だけを見ていたのでは、いつまでたってもこのような「生命」の本質を理解することはできないのではないだろうか。先人達がそのすぐれた直感力によって得ていた「生命力」というものは、確かにこの世界の中には存在しないものではあるが、この世界の裏側に位置するところに確固として存在し、その裏側からこの世界に存在する「生物」に「生命」を与えてい

るとは考えられないだろうか？　「生命」の本質にそのよう
な方向から迫っていくことを可能にする現代物理学の枠組と
しては、現在のところ形而上学的素領域理論が唯一のもの
となっている。しかも、そこではこの世界における安定な物
質の存在形態を、それを形成するすべての素粒子が存在する
素領域の全体を包含して背後から統一的に支える役割を持つ
完全調和の一部である「モナド」に帰着させて理解すること
が可能なのだ。ということは、「生命力」を「モナド」の性
能とすることで「生命」の本質を捉え、「生物」と「無生物」
という物質形態の二大分化のからくりを明らかにすることが
できるのではないだろうか。

20
モナドと生命

　哲学者であり数学者であったライプニッツが最初に考案した「モナド論」では「モナド」について「低級モナド」から「上級モナド」に至る階級分けがあったのだが、中込照明がより精密化した「量子モナド論」においては、それが主として量子論と相対性理論を矛盾なく統合するという目的のために準備されていたため、ライプニッツによる「モナド」の階級分けは踏襲されていなかった。ここでは、「モナド」の考え方を用いることで「生物」と「無生物」の二大分化の由来を明確にし、「生命力」に対して適切な意味づけをすることを目的としているため、「モナド」の階級分けに相当する捉え方を導入することにする。すなわち、完全調和の一部としての「モナド」には「低級モナド」から「上級モナド」までのいくつかの段階に分けられる性能があると考えるのだ。

　とはいえ低級や高級という段階呼称は「生命力」というものの背景にはふさわしくないと思われるため、何らか数値的あるいは記号的な段階呼称を用いることにする。モナドは完

133

全調和の一部であったため、モナド自身もまた完全調和に他ならない。そして完全調和が自発的に破れた部分が素領域であり、その素領域の集合体がこの世界の中の空間を形成していた。特にある一つのモナドが包含する素領域の中に存在するエネルギーである多数の素粒子が、そのモナドによる素領域の統一的制御機能によって互いに強く関連づけられているものが「物質」であり、現代生物学や生命科学においては「生物」と「無生物」に二大別されるのだった。しかしながら、いわゆるウイルスと呼ばれる高分子構造体は「生物」と「無生物」の中間に位置するという捉え方が学界で有力となってきているため、それに対応できるように「生物」、「中間物」、「無生物」という三大別を導入しておくのがよいだろう。

　この宇宙に存在するすべての物質は、それが存在する空間の裏側にあるモナドと呼ばれる完全調和によって統一的に制御されることで安定にその形態や形状さらには様々な機能が実現されている。そして、それらすべての物質が「生物」、「中間物」、「無生物」という三段階に分類されているという事実も歴然と存在している。さらには、「生物」や「中間物」だった物質が「生命力」を失って「無生物」となってしまう現象も広く見られる。これらのことを簡潔に理解するには、それらの物質が存在する空間の背後にある、つまりその空間を構成する素領域を包含するモナドの側の制御性能に、対応する三段階の違いがあると考えるのが最も素直なことではないだろうか。そう、この世の物質存在をあの世の側から支えているモナドには「生命度」とでも呼ぶべき度数指標による三段階の分類が存在すると考えるのだ。その三段階度数を

20　モナドと生命

0、50、100 のパーセント表示で表すことにすれば、生命度が 100 のモナドがあの世の側で制御している物質が「生物」、生命度が 50 のモナドが制御するのが「中間物」、そして生命度が 0 のモナドが制御する物質が「無生物」ということになる。

むろん、モナドの中には生命度が 50 ではなくて 80 のようなウイルスよりも生物に近い物質の背後にあるモナドもあれば、生命度が 25 といったウイルスよりも無生物に近い物質をこの世の裏側から制御しているモナドもあるかもしれない。いったん生命度というモナドについての段階指標を導入しておきさえすれば、「生物」と「無生物」の間にウイルス以外の中間的な物質形態が発見されたとしても、それをモナドの生命度の違いで区別することができるのだ。

我々の宇宙は神とも呼ばれる完全調和の中に、その完全調和が自発的に破れた素領域と呼ばれる極微の泡の集合体として生まれたのだった。形而上学的素領域理論においては、その素領域の泡と泡の隙間を埋めている完全調和のつながった一部分をモナドと呼び、それがこの宇宙に存在する物質の存在形態を、あの世の側からこの世の最小構成要素としての素領域に接することで制御していると考えるのだ。そのモナドで「生命度」という性能指標が 100 となるものがこの世の裏側から制御する物質存在が「生物」だったが、そのようなモナドは特に「霊魂」と呼ばれる。我々人間もまた生物の一形態であるため、この世界の中に物質として存在するそれぞれの人間の身体もまた、この世界の裏側に位置するあの世から「霊魂」によって制御されている。

135

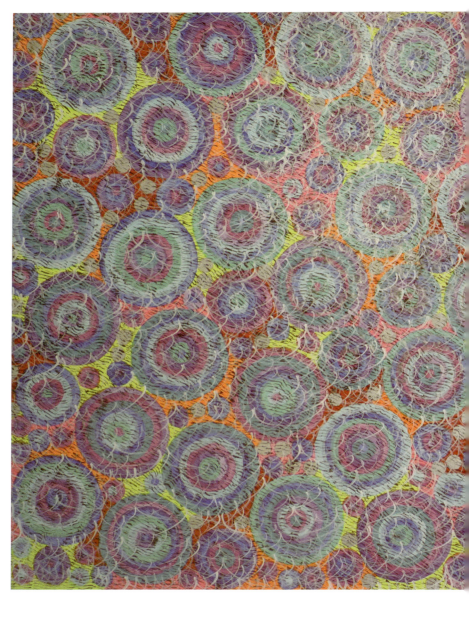

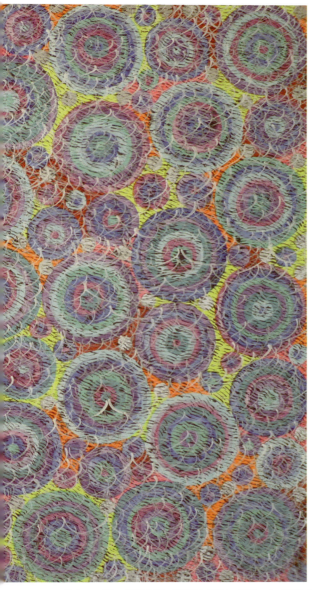

Univers (2), 2016 年, 60F 号 (97 × 130㎝), 油彩 キャンバス, (大原三千院・所蔵) ©morio matsui

このように、形而上学的素領域理論においては、この宇宙の空間を構成する素領域の外側にひとつながりとなるように、この世の外側に存在する完全調和の一部分であるモナドとして人間の霊魂を定義することができる。そしてその霊魂という完全調和のつながった一部分が取り囲む数多くの素領域の中にエネルギーとしての素粒子が入り込んでいるとき、その人間の身体がこの宇宙の中に存在することになるのだ。この意味で古来言われている「肉体に霊魂が宿る」という表現はまちがいであり、正しくは「霊魂に肉体が宿る」としなくてはならない。

　このとき、肉体が宿っていない霊魂というものも存在することになるが、それは霊魂という完全調和のつながった一部分としてのモナドが取り囲む素領域のほとんどが素粒子が入っていない空の泡になっているものと理解できる。それがたとえば誰々という人間の霊であるとすると、その霊魂があの世の側から取り囲んでいる素領域はまだ空の状態のものが多いため、この宇宙の中から見ればそこにはなにもない空間が広がっているとしか考えられない。つまり、この世を見渡してもどこにも誰々という人間は存在していないことになるのだが、この世のいたるところに接しているあの世の側にはちゃんと誰々の霊魂というモナド、つまりあの世そのものである完全調和のひとつながりになった一部分は存在していることになる。

　それでは、どのようにしてこの世の側に誰々という人間の身体が生まれる、つまり誰々の霊魂に肉体が宿るのだろうか？

138

20　モナドと生命

　霊魂は、完全調和のひとつながりになった一部分だからといって、あの世である完全調和の固定された一部分というわけではない。その一部分というのはいわば変幻自在のもので、一瞬で完全調和の他の一部分にもなれるし完全調和の全体にもなれる。つまり、この世の最小構成要素である素領域の周囲を取り囲むようにしてこの世をその中に含んでいる完全調和の中を、無限の速さで縦横に動き回ることができる変幻自在の完全調和の一部分に他ならない。

　誰々という一人の人間がこの世に生まれるとき、まずは一つの卵細胞が受精して細胞分裂が始まるときに、その受精卵が存在する子宮内の空間を作り上げているすべての素領域の周囲を取り囲んでいる完全調和の一部分であるモナドがその誰々の霊魂として、その働きを開始している必要がある。もしそのモナドが別の誰かの霊魂として働いているのであれば、その受精卵によって生まれるのは誰々ではなく別の誰かということになる。さらには、もし受精卵が存在する子宮内空間の素領域を包んでいる完全調和の一部が霊魂として働いていないならば、その受精卵の細胞分裂は正しく持続されることができなくなってしまい、一人の人間としての誕生を迎えることはできない。

　従って、誰々を含めこの世に無事誕生した人間はすべて、その身体細胞組織を作り上げているすべての分子・原子の構成要素である素粒子のそれぞれが入り込んでいる空間の素領域を、すべて取り囲んでいる完全調和の一部分が霊魂として働いていることになる。人間存在の基本は霊魂であって、まずはあの世の側に誰々の霊魂として働く完全調和の一部分が

139

存在しないことには、誰々の身体がこの世の側に生まれることはないのだ。つまり、「肉体に霊魂が宿る」のではなく、「霊魂に肉体が宿る」のが人間の誕生ということになる。

　それでは、人間の死というものがどういうものかというと、その人間の身体細胞組織を作り上げているすべての分子・原子の構成要素である素粒子のそれぞれが入り込んでいる空間の素領域をすべて取り囲んでいたはずの完全調和の一部分としての霊魂が、その人間の身体組織がある空間の素領域を取り囲まなくなってしまうことに他ならない。古来、霊魂が肉体から離れていってしまうと直感されていたとおりのことが起きているわけだ。そうなってしまうと、これまでこの世に生を受けて以来ずっとあの世の側でその人の身体組織が生命組織として正しく機能していくように素領域を正しく制御することで身体組織を構成するすべての素粒子が有機的に働いていたシステムが、根底から崩れ落ちてしまい生命機能を維持できなくなってしまう。こうして生命を失ってしまった身体組織は時間とともに朽ち果てていってしまうのだが、人間の死というものはそのずっと前、その人の霊魂という完全秩序の一部分が身体を構成するすべての素粒子が入っている素領域を取り囲まなくなってしまった、つまり霊魂が肉体から離れてしまったときに訪れていたことになる。

　自身の名前を冠する基礎方程式を見出して量子力学を完成させた理論物理学者エルヴィン・シュレーディンガーは、ナチズムが台頭するヨーロッパを離れてアイルランドのダブリンに身を寄せていたとき、「生命とは何か？」と題する講演の中で世界に先駆け、物理学における「熱力学第二法則」に

反する形で「エントロピー」を減らす動きをするのが生命の本質であると指摘していた。その記念すべき講演が引き金となり、その後多くの物理学者が生命現象の解明に挑む流れが生まれ、「分子生物学」や「生物物理学」という物理学と生物学の境界領域分野の研究が活発になっていったことは記憶に新しい。その後のＤＮＡの二重螺旋構造の発見によって加速されることになるそのような現代生命科学の膨大な研究成果には目を見張るものがあるのだが、それにもかかわらずそもそも「生命とは何か？」という最も根元的な問いかけには未だに誰も答えてはいない。「生物」と「無生物」の本質的な違いについてはまったく解明されていないのが事実なのだ。その理由は、現代生命科学においてもそれまでの生物学や物理学と同様に、この宇宙に存在する物質形態としての生物を分子・原子のレベルで物理学的に解明しようとするのみで、生命の本質が隠されているこの宇宙の裏側における形而上学的現象にまで考察が及んでこなかったことにある。

　形而上学的素領域理論においては、ここで簡単に紹介した概略からもわかるように、この世の裏側にあるあの世の存在であるモナドについての考察を進めていくことによって生命の本質を解明していくことが可能となる。今後のこの方向における研究のすそ野の広がりを期待したい。

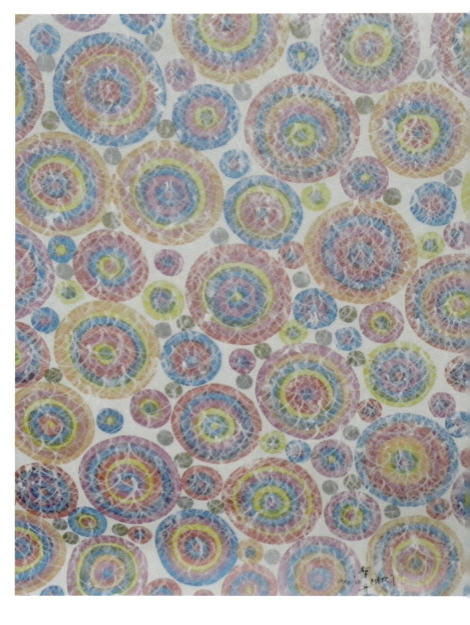

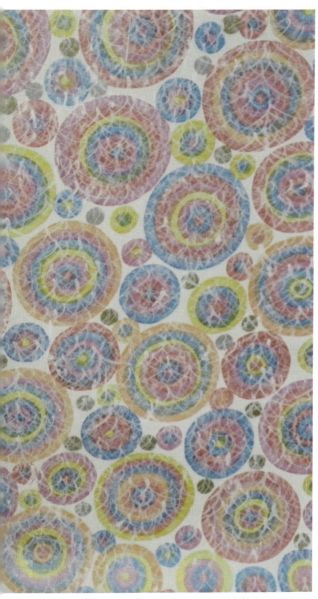

愛の光珠, 2017 年 200 × 200㎝,　油彩 キャンバス,
(京都 上賀茂神社・所蔵) ©morio matsui

21

愛や祈りによる治癒のメカニズム

　生命とは何かという未解明の本質的な問題についてのまったく新しい切り口を開く形而上学的素領域理論はまた、同じく現代生命科学では研究すら手つかずのまま放置されてきた「愛」や「祈り」による病気の奇跡的治癒のメカニズムについても、その解明に光明を与えてくれる。確かに、愛や祈りによってガンなどの難病から救われた患者も決して少なくはないのだが、医学的あるいは科学的にはありえないとしか考えられないこのような現象が、いったい何故どのようにして生じているのだろうか？

　人間の身体については、その生命活動の中に正常な生命維持機能と生命防御・再生機能の維持が含まれているが、特に後者の機能が弱くなることで様々な病気になってしまう。また、放射線などによって細胞核の中の遺伝子情報を担っているDNAの分子配列が一部壊れてしまうことで細胞の異常増殖や異常活性が連鎖し、ガン細胞を生んでしまうことも知られている。本来の生命活動が正しく維持されているならば、

144

21 愛や祈りによる治療のメカニズム

このような機能低下やガン組織発生による病変が起きることはないのだが、現代においては残念ながら多くの要因によって正常な生命活動が脅かされているのも事実なのだ。

前節で見てきたように、我々人間というものは完全調和の一部分であるモナドとしての霊魂が取り囲むそれぞれの素領域の中に、特定の素粒子が整然と入り込んでいくことで所定の身体組織が発生し、正しい生命活動が維持されていく。この意味で、霊魂が包含する素領域の全体はその人間の身体組織についての設計図あるいは鋳型の役割を持っていると考えられる。つまり、その霊魂の側からそれが囲んでいるそれぞれの素領域に対して、設計図どおりの特定の素粒子のみしか存在できないようになっているわけだ。従って、正しい生命活動が弱ってくるということは、霊魂の側からの働きかけが素領域に対してなされていても、何らかの理由によってその素領域自体がうまく機能しなくなっていて、その結果として設計図にあるものとはちがった分子配列を持つ遺伝子などや異常組織を生み出してしまう素粒子までもが入り込んできているということだと理解できる。

現代医学における治療方法は主として病巣切除による外科療法、薬品投与による化学療法、そして電磁波や中性子線さらには重粒子線などを照射する放射線療法に頼っているが、このような治療は身体の中にできた異常組織の分子配列を外部からの物理的な操作で正常な範囲のものに引き戻そうとするものだと考えられる。ところが、たとえこのような物理的療法（フィジカルヒーリング）で異常組織をうまく設計図どおりの分子配列に戻せたとしても、病気の原因が分子配列を

145

作っている素粒子の側ではなく霊魂からの働きかけに対して正しく反応しなくなっている素領域の側にある場合には、その後しばらくするうちに再び分子配列の中に設計図どおりではない素粒子が紛れ込むことによって異常組織が再発するということになる。その典型がガンの再発に他ならない。

このように、物理的療法ではうまくいかないガン治療のような場合には、代替療法としてたとえばこれまでやりたいと思っていてもできなかったことをやるとか、生き甲斐を見つけるとか、山林や海の近くで自然にひたる、あるいは気功や瞑想によって精神状態を安定させるといったものが積極的に用いられている。このような精神療法(サイキックヒーリング)は、身体組織の中でも特に中枢神経系に見られる精神作用を利用し、弱くなっている生命維持機能のうち特に免疫力を強化する働きがある。これによって弱っていた免疫力を回復させれば、ある程度の時間はかかるが、ガン組織も消えていくことが報告されている。

しかし、このような精神療法、たとえば気功などで免疫力を高めることで、時間をかけて異常組織をうまく設計図どおりの分子配列に戻せたとしても、やはり病気の原因が分子配列を作っている素粒子の側ではなく、霊魂からの働きかけに対して正しく反応しなくなっている素領域の側にある場合には、その後また免疫力が低下するようなストレスを受けてしまったようなときに、分子配列の中に設計図どおりではない素粒子が紛れ込み、再び異常組織が生まれることもある。つまり、気功や瞑想といった免疫力を高める努力を自分自身で続けておかないかぎり、再発する可能性が残ることになるの

21 愛や祈りによる治療のメカニズム

だ。

　そこで、完全調和の神様の一部分であるモナドとしての霊魂の側に働きかけてその霊魂が包み込んでいる素領域自体を正しく反応するようにし、その結果として設計図どおりの素粒子以外のものが紛れ込んでくるのを完全に防ぎ、すでに紛れ込んでいる場合にはそれを完全に排除するという療法が重要となってくる。これが霊魂療法（スピリチュアルヒーリング）に他ならない。たとえば日本では各地に病気を祈祷で治す神社仏閣があって、そこで修行を積んだ神官や僧侶が神仏に呼びかけることで病気を実際に癒す場面も少なくない。また、キリスト教カトリックの聖地となっているフランスのルルドやポルトガルのファティマで愛の祈りを捧げることで、末期ガンを消滅させたり難病患者が癒された話も、スピリチュアルヒーリングの一例となっている。

　そこでは、第三者である神官や僧侶あるいは修道士や神父が病気を患っている人のために神様である完全調和に働きかけることで、あるいは患者本人が聖地で愛と祈りを体験することによって、特にその人の霊魂である完全調和の一部が包み込んでいる素領域が持つ身体組織の設計図としての役目をきちんとこなすようにアレンジしてもらえる。そのため、身体全体を設計図どおりの分子配列に戻して病気から快癒することになる。この霊魂療法は患者本人からすれば完全に「他力本願」でなされることが可能であり、その上に霊魂が示す設計図どおりの身体組織と生命活動を取り戻せるため、再発の心配もなくなるということで奇跡的治療と呼ばれることもあるようだ。むろん、霊魂療法のメカニズムはこのように第

147

三者によるものだけではなく、患者本人が完全調和の一部分であるご自分の霊魂の働きを誘導してその霊魂が包み込んでいる素領域の働きを霊魂が示す身体組織の設計図どおりのものにしてしまうことで達成される、第一者による奇跡的治療をも可能にする。

　僕がご本人から直接お聞きしたものでは、長年にわたってハワイ大学で教鞭をとってこられた日本人教授のすばらしいご体験がいちばんの驚きだった。なぜなら、その教授との出会いもまた奇跡的なものだったからだ。

　数年前に大阪の医歯学系学会のシンポジウムで講演を依頼されたとき、聴衆の半分はガン患者だということだったため、講演の最後の部分で僕としてはなんの根拠もなかったにもかかわらず、口から出任せという雰囲気で次のようなことを言ってのけた。「口から出任せ」という表現は今ではむしろ嘘を言うといった悪い意味で使われることが多いのだが、もともとは「神の詞が口を衝いて出るに任せる」という意味で、本人が意図しないにもかかわらず神が真理をその人の言葉としてしゃべらせる現象を表していた。僕のこのときの言葉も、やはり神が真理を伝えようとしたに違いない。なぜなら、そのときの僕の発言がその直後の奇跡的な出会いの場を作り、この僕の考えの正しさを教えてくれたのだから。

　そのとき口を衝いて出てきたのは、ガン患者の人に第三者でしかない聖職者が愛の祈りを送ることでガンが消えることがあるのだから、第一者である患者本人が自分に対して愛の祈りを送ればもっと高い割合で同じことが起きるのではないかという内容だった。もちろん、そのような事例を具体的に

148

見聞きしていたわけではなく、講演の最後の最後で熱心に聞いてくださった聴衆の中のガン患者の皆さんに向かって、なぜかふと口走ってしまったのだ。自分でもずいぶんと無責任なことを発言してしまったと少なからず驚いたのだが、もう後の祭り。いったいなぜ自分が意図していたわけではない言葉で講演を締めくくることになってしまったのか、直後から頭の中が混乱気味となってしまった。

　そんな状況で壇上の講師席にぼんやりと座っていたとき、講演会の最後に学会の前会長の方が挨拶に立たれた。それは、ハワイ大学を退官した今も一年の半分はハワイに住んでいるという、七十歳前後の日本人教授だった。しかも、美辞麗句を並べた挨拶が続くのかという僕の予想は見事に外れ、その日本人教授はこれまで誰にも話してこなかったというご自身の不思議な体験について語り始め、僕の講演の最後の話ですべてが腑に落ちたと感謝してくださったのだ。それは、数年前にハワイ大学の検査でガンが見つかり、主治医が外科手術によるガン組織の摘出しか方法はないと日本人教授が宣告されたときのことだった。

　セカンドオピニオンを求めて日本に一時帰国した教授に対し、出身大学での友人だった複数の医師はハワイ大学の主治医とまったく同じ考えで、できるだけ早くそのガン組織を切除しておかないと助からないと伝えてきたという。ハワイへの帰路、ご自分の身体の中に巣くうガン組織のことをどうするか考えていた教授は、どういうわけかそのガン組織がだんだんとかわいそうに思えてきたそうだ。

　「おまえはみんなから切るように言われ、じゃまもの扱

いされていてかわいそうだなあ。せめて俺がおまえの味
　　方になってやるよ。このまま切らずにおくから、一生俺
　　とつきあってくれ」
　心の中でこうささやいた教授は、それからいっさいの治療
を断り、毎日ご自分の身体の中のガン組織を愛するように
なった。すると、どうだ。一年後にあったハワイ大学での検
査では、そのガン組織が完全に消え去ってしまっていた。ま
さに、第一者による愛の祈りを捧げることによって教授の霊
魂が包み込んでいる素領域が本来の力を取り戻し、霊魂のは
たらきかけのとおりに機能するようになり、身体組織の生命
活動が霊魂が示す設計図どおりのものとなったためにガン組
織が消えたのではないだろうか。

おわりに

残すは合気完全解明のみ

　異端とはいえ、理論物理学者のくせに聖母マリアや大天使ミカエルによるガンの奇跡的治癒を経験したことに始まり、ギザの大ピラミッドの中や吉備の中山にある天皇陵の上で神様から御兆を頂戴するなど、宗教家やスピリチュアリスト顔負けの神秘体験目白押しの人生を歩んできたのは紛れもない事実。そして、気がつけば長年勤めてきた大学の教授職を定年退任し、この春からは東京を拠点としてそんな破天荒な生きざままで得ることができた不思議体験の数々を有意の皆さん方にお伝えする吟遊詩人として文字どおり東奔西走の日々を過ごしている。

　思えば遠くに来たものだと、我ながら密かに自負してはいたつもりだったのだが、本当に久しぶりに京都大学北部構内にある湯川秀樹博士の基礎物理学研究所を今出川通りから望んだとき、半世紀近い昔にそこで晩年の湯川先生を前にして湯川先生の素領域理論についての新しい定式化を講じたあの若き日が突如として蘇ってきた。そこで生まれたのは、理論物理学者としてのこの僕にこれでもかと押し寄せてきた神秘

体験が、ひょっとすると物理学の基礎理論の中でも基礎中の基礎となる素領域理論をほんの少しだけ形而上学の方向に拡張するだけで、物理学基礎理論の中で理解することができるようになるのではないかという直感だった。

　どこまでも己の直感を信じるという若い頃からの姿勢が齢六十を数えてからもまったく衰えることのなかった僕は、こうしてフリューゲルが描いた「バベルの塔」の雰囲気を醸し出す「神の物理学」に立ち向かうことになったのだ。むろん、それが見事に成功したなどとは思っていないが、ともかくこの僕の中でこれまでその存在については疑う余地のない確かな事実だと信じてはいても、現代物理学の基礎理論によって裏づけられない神秘体験を前にして、大きく揺れていた心を穏やかにすることはできたのではないだろうか。なぜなら、形而上学的素領域理論の枠組を持ち出すならば、僕が経験した奇跡が何故どのようにして生じたのかという根元的なところまで理解することができるからだ。

　その上、この世があの世の中で稠密に分布していることからして、死んでからの僕の霊魂は決して宇宙の果てのそのまた向こう側などで浮遊する運命にあるのではなく、今まさに生きているこの世界に密着したすぐ裏側を自由自在に飛び回って残された大切な人々をいつでもすぐ側から助け続けることができるというすばらしい運命が待っていることもわかった。しかも、必要ならば天使としてこの世界に身体を持った形で出てくることも可能なのだ。そんな死後の活躍の場が待っているのであれば、多くの知の巨人が晩年に陥ってしまう「死の恐怖」などとは無縁の楽しき老後の人生が待ってい

152

るに違いない。実に楽しみだ。

　ならば、残されたこの世での時間をどのように活かしてい
けばよいのだろうか？　もちろん何か世の中の役に立つこと
をすればよいのだろうが、他の誰にでもできるようなことを
してみたところで僕のレゾンデートルが明らかになるわけも
ない。ここはやはり、同じくガンで死にかけてから何故かこ
の僕自身が操ることができるようになった、武道の究極奥義
と目される「合気」と呼ばれる神秘的な崩し技法のからくり
を完全に解明する以外の選択肢はないのではないだろうか。
そして、その「合気」が見せる不可思議極まりない効果がキ
リスト教カトリックやロシア正教から旧ソビエト連邦陸軍特
殊部隊にまでも伝えられた「愛」によるキリスト活人術と共
通していることや、「合気道」の創始者である植芝盛平翁が
遺した「合気は愛じゃ」という言葉からして、愛や祈りによっ
てガンなどの病気を癒す神秘的治療のからくりを解明したの
と同じように形而上学的素領域理論によって「合気」の真理
を見極めることができるに違いない。

　さあ、残された時間は決して長くはない。すぐに始めると
しようではないか！

　乞う、ご期待。

謝　辞

　ちょうど一年ほど前から東京・横浜や京都・神戸での講演会
で複数の方々から「是非とも松井守男画伯とお会いになってく
ださい」という依頼を頂戴する機会があった。どのときもスマー
トフォンや携帯電話の画面で松井画伯による巨大な油彩キャン
バス画を見せていただいたのだが、細部に「愛」という文字が
無数に描かれているのは、実際に松井画伯がこの世界の中を見
るときにそれらの「愛」を目の当たりになさっているからだと
説明された。我々が存在している空間の至るところに「愛」が
あるという、形而上学的素領域理論からの帰結を広く一般の皆
さんにも知っていただこうと企画した講演会を聴講してくだ
さった中に、松井画伯に懇意な方が複数いらっしゃり、松井画
伯の芸術家としての視点とこの僕の理論物理学者としてのそれ
が共通しているということを、看破してくださったのだ。
　フランスの最高勲章であるレジオン・ドヌール勲章を受章し、
日本人でありながら「フランスの至宝」とか「ピカソの再来」
と賞賛されている松井画伯という偉大な芸術家とこの僕が同列
に見られているということ自体、極めて照れくさく感じてはい
たのだが、決して悪い気はしなかった。伝え聞く松井画伯のお
人柄や生き様にも大いに共感を持てたからかもしれないが、な
んといってもその優しさに満ちたお顔に大きな親近感を抱くこ
とができたからかもしれない。それはまた、晩年の湯川秀樹博
士や岡潔博士にも共通していたことからして、理論物理学者、

154

謝辞

数学者そして芸術家を問わず、この世界の背後にある真理の姿をありのままに見抜いていた人物の証しでもあるのではないだろうか。

その後所用で訪れた京都の上賀茂神社では権宮司様にご許可いただき、松井画伯が奉納なさったすばらしい襖絵を拝見できたのだが、その襖絵が描かれた部屋の床の間を見たとき、僕の魂は大いに奮えていた。なんと、そこには床の間の壁を覆い尽くすかのような大きさの掛け軸があり、一面に素領域としか見えない虹色の丸い模様が無数に描かれていたのだ。これまた松井画伯により奉納された美しい作品だったのだが、これを拝見するかぎり「愛」という文字としてだけではなく、空間の成り立ちを素領域という抽象幾何学としても直観なさっていたと確信できたのも事実。そしてこのとき以来、是非とも松井画伯のこの素領域の絵を形而上学的素領域理論についての僕の著作の中で読者の皆さんに見ていただきたい、さらには「愛」や「人」という文字が表出した心を打つ油彩画の幾つかをも鑑賞していただきたいと願ってきたのだ。

そんな僕の熱き思いが天に通じたのか、この度、大橋厚子様、郷保剛様、桝井喜孝様のご尽力により松井守男画伯からご快諾を頂戴し、松井画伯のすばらしい作品を、カバーと本文中に収めさせていただくことができた。松井守男画伯のご厚情に心より御礼申し上げるとともに、仲介の労を取ってくださったお三方に感謝の意を表したい。

ありがとうございました。

付　録

モナド論的あるいは情報機械的世界モデルと
量子力学 (数理的考察)

中込照明
高知大学理学部情報科学科

概 要

　自己同一性を持った複数のシステム (モナド) から構成される世界モデルを数学的構成により提出する．これにより量子力学の中に矛盾なく非ユニタリーな飛躍過程を導入することができ，観測問題が解決される．同時に"時間"および"意識"，"意志"の問題にも新たな視点を与える．

1　はじめに

　量子力学は物理学の基本法則である．したがって，それは凡ゆるものに例外無く適用されなければならない．

　システムの状態は波動関数によって表され，それはユニタリーな時間変化をなす．これが量子力学の第一の基本原理である．この波動関数は観測結果を確率的に決定する．ある結果を得たときには波動関数はその結果に対応する固有状態に収縮する．これが第二の原理である．量子力学は凡ゆるものに例外無く適用されなければならないのであるから，観測対象と観測装置とを一緒にしたシステムに対しても量子力学は適用される．するとこのシステムの状態はユニタリーな変化をなし，状態の確率的な変化はありえないことになる．この二つの原理の間の矛盾を解くことが観測問題の課題である．

　これを解決するために量子力学の成立以来これまでの間に膨大な努力が注ぎ込れたのである．その点についての解説は他に良書が多

付　録

数あるので，ここで繰り返すことはしない．ただひとこと言ってお
くなら，未だに観測の問題には満足いく解決が得られていないとい
うことである．

　その原因として筆者が指摘したいのは量子力学を適用すべき世界
モデルが確立していない点である．ニュートン力学には，一様等方
空間，一様に流れる時間，無機的な質点システムからなる世界モデ
ルがあった．量子力学においても，通常明瞭に述べられることはな
いが，世界モデルがある．しかしそれはニュートン力学の世界モデル
にミンコフキー的時空解釈を合わせたものを借りているだけで，自
前のものではない．ニュートン力学の世界モデルはそれまでのアリ
ストテレス力学の世界モデルを覆したものである．新しい力学には
新しい世界モデルが必要である．

　我々が暗に有している現代物理学的世界モデルの欠陥として次の
三点を挙げる．これらは新しい世界モデルを作るに当たって留意す
べき点であり，観測問題に満足できる解決が得られない主要な原因
となっていると筆者は考える．

　第一はシステム概念の安易さである．通常，物理学においては，粒
子，あるいは粒子の集まり，あるいは空間領域を記述の対象とし，物
理系（システム）と呼ぶ．このシステム概念は甚だ便宜的なもので
あり，にもかかわらず量子力学がうまく機能してきたというのは不
思議なくらいである．場の量子論の立場からは粒子は場の状態であ
り，時間的に自己同一性を保てず，システムとは言い難いものであ
る．実際，粒子の統計性は粒子を状態と考えることによってのみ理
解可能である．また空間領域についても相対論の観点からは時間的
に異なる同じ場所というのは意味がなく，これもシステムとは見な
せない．

　結局，我々がシステムと考えるものは研究者が必要に応じて定め
た状態の集合を特徴付ける指標であるということになる（このよう
な考え方は Giles [4] に明瞭に述べられている）．もちろんこのような

159

任意なシステム概念のもとでも，それが適切に扱われるならば（たとえば粒子をシステムとするときは対称化すべしといった付帯条件を付けるなど），システムの設定法に依存しない理論を作ることが可能になることもあるが，常に正しい理論ができるとは限らない．とりわけ観測問題においては疑問である．観測過程の記述においては，波動関数の収縮を結び付けるシステム単位の設定の仕方に結果が強く依存する．このことは観測問題に対していかなる立場を取るにしても言えることである．ニュートン力学においては質点が基本システムとして設定されていた．量子力学にはそれがない．強いてあげるならば，宇宙全体が一つの基本システムである．とすると波動関数の収縮の入る余地は全くなくなってしまう．観測問題の解決には複数の（自己同一性を保つ）基本システムの設定が必要であると筆者は考える．

　第二は"時空"という誤った幻想である．四次元時空を実在のごとく扱う相対論の解釈では"現在"あるいは"流れる今"の概念を導入することは出来ない．"現在"は四次元時空の時間軸の任意の一点ではない．真の意味での変化は"現在"においてのみ可能である．また自由意志の発動するのはこの点であり，意識があるのもこの点である．しかもこの点は動くのである．この動きはいかなる時間パラメーターによって記述されるのか．世界を四次元時空に閉じ込める物理理論ではこのような事柄は全く記述不可能したがって説明不可能である．そのため物理学はそういった問題は扱わないことになっている．ユニタリーな時間変化は後戻り可能であり，新しいものは何も生成せず，真の意味での変化とは言い難い．波動関数の確率的収縮変化は（もし存在するなら）後戻り不可能で，これは真の意味での変化と言いうる．しかし収縮の記述には"現在"を必要とするため四次元時空内では記述できないのである．

　第三は自由意志の否定．これは"流れる今"を否定するところから，自由意思も否定せざるを得なくなるのであるが，力学では暗に

160

付 録

自由意志を認めているのである．それはシステムの初期状態の設定の自由である．力学が基本法則であるなら全てに適用されるべきだから，初期状態の設定者をも含めたシステムに適用することができる．すると，そのような自由は存在しないことになる．この問題の構造は観測問題の構造とそっくりである．表裏をなす問題であると考えられる．したがって自由意志を否定する枠組みの中では観測の問題は解決できないと考えるべきである．そして自由意志を認めるとすれば，自己同一性を持つシステムを認め，"流れる今"を導入しなければならなくなる．一言注意しておくと，自由意志は元々人間的概念であるため，読者はすぐに無限定のものを想定するかも知れないが，筆者がここで想定しているものは，限定された最小限のものである．そして，この最小限のものと初期状態設定の自由とはそのまま直結するものではないが，それを否定しない根拠にはなる．

さて以上の点を考慮して，現存の量子力学，相対論と矛盾しない形で，如何にして世界モデルを作り上げるか．しかも単なる言葉による哲学の表明ではなく，使える数理モデルとして．ここで筆者がヒントとしたものは Leibniz [3] のモナド論 (monadology)(の一部)である．筆者による勝手な読みによると，それは次の 5 点に要約される．

1. 世界はモナドより構成される．それ以外のものは存在しない．したがって，モナドをいれる空間も存在しない．

2. 空間はモナドの内部にあるだけである．モナドはその内に世界を反映する (意識)．

3. あるモナドが反映する世界には特にそのモナドの関係する部分がある．

4. モナドは互いに相互作用はしないが，内なる世界は予定調和により相互に照合し合う．

161

5. モナドは能動性 (意志作用) を持つ．したがって他のモナドの影響を受ける形の受動性も持つ．

(もちろん，ここでは単にヒントとなったということであり，ライプニッツ哲学そのものを論ずることが目的ではなく，したがって，ライプニッツに対する筆者の読み方が正しい読み方であると主張するつもりは毛頭ない．むしろモナドという言葉を借りただけと言ったほうが正しいかも知れない．)

　ここでモナドの世界認識が波動関数で表されると考えてみよう．すると，それはモナドの行動に影響し (選択の確率)，モナドの意志作用により変化し (収縮)，予定調和により相互に関係付けられる (ユニタリー変化) ことになり，波動関数の矛盾した性格がうまく表現できそうなことに気づく．

　明らかにこれは人間の精神作用から類推した世界モデルであり，物質世界に適用すべきモデルではないと思われるかもしれないが，コンピュータシステムが高度に発達した今日では容易に受け入れられる情報機械的世界モデルでもある．複数のコンピュータが相互に関係付けられたヴァーチャルリアリティーを共有している状況で，ゲームをしている図はまさにモナド論の世界である．(もちろんこういったことは単なる比喩であって，議論の本質に関わるものではないが，理解を助け思考を発展させるための方便として役立つであろう．)

　実際，筆者は計算機科学からも重要なヒントを得ている．それは変化の記述方法についてである．計算機のプログラムは計算機の内部状態の変化の規則を記述するものであるが，物理学において通常使われる時間パラメータというものを用いない．そのかわりに代入文というものを用いる．これによって，プログラムにおける変数は常に現在の値のみを表すことになる．この記述法を用いれば，我々は端的に変化を記述できるようになり，時空という幻想から開放される．時空は変化の履歴を記述するための仮構物である．

付　録

　このようなモナド論的あるいは情報機械的世界モデルの上で量子
力学は解釈されるべきものであると筆者は考える.

　さて次の仕事は以上のような世界モデルのアイデアを実際の物理
現象に適用できる形での数学的モデルとして定式化することである.
以下に筆者による一つの試みを提出する. これは 1992 年筆者がポー
ランド滞在中に発表したモデルを改良したものである [1].

2　モナド・モデルの基本構造

　まずモナド・モデルの構造のうち, 物質の究極についての物理学
の知見に依存しない基本構造を述べる.

公理 1. 　世界 $\mathcal{W}$ は N 個のモナドより構成される. これらは互い
に区別され, $1, \ldots, N$ と番号付けられる. $\mathcal{W} = \{1, \ldots, N\}$ と
置く.

公理 2. 　世界 $\mathcal{W}$ には Hilbert 空間 $\mathcal{H}_{\mathrm{world}}$ が付与される. ただし,
$\mathcal{H}_{\mathrm{world}}$ は次のテンソル積構造を持つ.

$$\mathcal{H}_{\mathrm{world}} = \bigotimes_{i \in \mathcal{W}} \mathcal{H}_i \tag{1}$$

ここで, $\mathcal{H}_i$ はモナド $i \in \mathcal{W}$ に関係付けられた Hilbert 空間で,
全て同じ表現構造を持つ. すなわち $\mathcal{H}_i = \mathcal{H}$ と置く. 各モナド
は Hilbert 空間 $\mathcal{H}_{\mathrm{world}}$ の 0 でない要素によって表現される "世
界状態についての認識"(簡単に "世界認識" と言う) を持つ.
任意の 0 でない $\Psi \in \mathcal{H}_{\mathrm{world}}$ と任意の 0 でない複素数 α に対し
て, Ψ と $\alpha\Psi$ とは同一の世界認識を表す. モナド i の世界認識
を表す変数を Ψ_i と記す. また, $\mathcal{H}_{\mathrm{world}}$ の要素を世界状態, $\mathcal{H}_i$
, $\mathcal{H}$ の要素を個別状態と呼ぶ.

公理 3. 　世界 $\mathcal{W}$ には Hilbert 空間 $\mathcal{H}$ 上にユニタリー表現 U を持
つ群 $\mathcal{G}$ が付与される. $\mathcal{G}$ の要素を枠と呼ぶ. U をテンソル積

163

によって $\mathcal{H}_{\text{world}}$ に拡張したものも，簡単のために，同じ記号 U で表す．

各モナドはそれぞれの"枠"を持つが，それは他のモナドとの"枠関係"によってのみ規定される．すなわち，それは次の集合 $\mathcal{F}$ の要素によって表される．

$$\mathcal{F} = \{ r : \mathcal{W} \times \mathcal{W} \to \mathcal{G} \mid r(i,j)r(j,k) = r(i,k)$$
$$\text{for all } i, j, k \in \mathcal{W} \} \tag{2}$$

世界 $\mathcal{W}$ の枠関係を表す変数を r と置く．枠関係 r は次のようにモナド間の世界認識を結び付ける．

$$\Psi_i = U(\mathsf{r}(i,j))\Psi_j \tag{3}$$

公理 4. 各モナドは"互いに同期した時計"を持つ．各 click 毎にそれぞれのモナドは独立に新しい枠に"飛躍"する自由を持つ．そして，この飛躍に応じて，次のアルゴリズム (Pascal 風プログラム) によって，世界認識が変化する．

```
for each click do
    if a monad m chooses a g ∈ 𝒢 then
        Ψ_m := U(g)Q_m(g)Ψ_m;
        Γ_m := U(g)Γ_m;
        for j(≠ m) ∈ 𝒲 do
            r(j,m) := r(j,m)g⁻¹;
            r(m,j) := gr(m,j);
            Ψ_j := U(r(j,m))Ψ_m
        end-for;
        for i ∈ 𝒲 do
            Ψ_i := Γ_iΨ_i
        end-for
    end-if
```

付　録

end-for.

ここで := は代入演算を表す．また if 文の作用は次のようなものとする．もしいかなるモナドも $\mathcal{G}$ からの選択を行なわない場合は，この if 文はスキップされる．また複数のモナドが選択を行なった場合には全くランダムにその内のいずれか一つのモナドについて if 文が実行される．

また Ψ_m の代入式において，Ψ_m は $\Gamma_m, Q_m(g), U(g)$ の三つの作用素による変化をこうむるが，このうち $U(g)$ は対応 (3) による変化であり，他は次のように規定される．

Γ_m は $\mathcal{H}_{\mathrm{world}}$ 上のユニタリー作用素で，モナド m における"自動変化"を表す．これは上記アルゴリズムにおいて，モナドの飛躍ごとに枠の変化に伴う変化を被るので変数として設定されている．Γ_i と Γ_j は次の枠関係による関係付け

$$\Gamma_i = U(\mathsf{r}(i,j))\Gamma_j U(\mathsf{r}(j,i)) \tag{4}$$

と $\mathcal{H}_{\mathrm{world}}$ のテンソル積成分の入れ替えに対する不変性を課す．

また $Q_m(g)(g \in \mathcal{G})$ は $\mathcal{H}_{\mathrm{world}}$ 上の作用素であるが，

$$Q_m(g) = I \otimes I \otimes \cdots I \otimes \overset{m-\mathrm{th}}{Q(g)} \otimes I \cdots \otimes I \tag{5}$$

(I は $\mathcal{H}$ の上の単位作用素) の構造を持ち，$Q(g)$ $(g \in \mathcal{G})$ は $\mathcal{H}$ の上の有界非負 Hermite 作用素で，任意の g, $g' \in \mathcal{G}$ に対して

$$\int_{\mathcal{G}} Q(g)d\rho(g) = I \quad \text{と} \quad U(g)Q(g')U(g)^{-1} = Q(gg') \tag{6}$$

を満たす．$Q_m(g)$ は非ユニタリーな変化を表し，"飛躍作用素"と呼ぶ．

公理 5. 公理 4 におけるアルゴリズムでのモナド m による $g \in \mathcal{G}$ の選択はモナド m の世界認識 Ψ_m に応じて次のような $\mathcal{G} \cup$

165

{no-choice} 上の確率測度 P によって表される傾向を持つ.

$$dP(g) = \frac{\eta \langle \Psi_m, Q_m(g)\Psi_m \rangle}{\langle \Psi_m, \Psi_m \rangle} d\rho(g) \quad \text{on } \mathcal{G} \tag{7}$$

$$P(\text{no-choice}) = 1 - \eta \tag{8}$$

ただし, $Q_m(g)\Psi_m = 0$ となる g は選択しないものとする. こ
こで, ρ は群 $\mathcal{G}$ の左不変測度, η は $0 < \eta < 1$ なる定数で"飛
躍率定数"という.

数学的注 1. $\mathcal{F}$ の要素 r について $r(i,i) = r(i,i)r(i,i)$ であるから,
任意の i について

$$r(i,i) = e \tag{9}$$

が成り立つ. ただし e は $\mathcal{G}$ の単位元である. また $r(i,j)r(j,i) = r(i,i) = e$ であるから

$$r(i,j)^{-1} = r(j,i) \tag{10}$$

が成り立つ.

2. 飛躍作用素 $Q(g)$ の満たすべき条件から

$$Q(g) = Q(ge) = U(g)Q(e)U(g)^{-1} \tag{11}$$

が成り立つ. すなわち $Q(e)$ が与えられれば, 全ての $g \in \mathcal{G}$ に
対する $Q(g)$ が決まる.

3. Γ_m が $\mathcal{H}_{\text{world}}$ のテンソル積成分の入れ替えに対しても不変であ
るという条件は, $\mathcal{H}_{\text{world}}$ 上のユニタリー作用素 $C(i,j)$, $(i,j) \in \mathcal{W} \times \mathcal{W}$, を

$$C(i,j)\psi_1 \otimes \cdots \psi_i \otimes \cdots \otimes \psi_j \cdots \otimes \psi_N$$
$$= \psi_1 \otimes \cdots \psi_j \otimes \cdots \otimes \psi_i \cdots \otimes \psi_N \tag{12}$$

付　録

と定義して，

$$[\Gamma_m, C(i,j)] = 0 \quad \text{for any } (i,j) \in \mathcal{W} \times \mathcal{W} \tag{13}$$

と表される．この条件を C 不変と呼ぶことにする．

4. 自動変化作用素 Γ_m が満たすべき関係 (4) および上記の C 不変の条件は一度成立させておけば，公理 4 のアルゴリズムの下で常に保たれる．

モデルの解説

1. モデルの限定について：　以上が本モデルの基本構造であるが，これにはまだ幾つかの未決定要素が含まれている．モナドの総数 N，個別状態空間 $\mathcal{H}$，枠の群 $\mathcal{G}$ とその表現 U，飛躍率定数 η，飛躍作用素 $Q(g)$ などの時間的に不変な構造要素と時間的に変化しうる変数 Ψ_m, $\mathsf{r}(i,j)$, Γ_m の初期値である．これらを確定することによってモデルは定まるのであるが，これらの要素は今後の理論的および実験的研究によって決定されるべきものである．第 3 節で相対論的な限定の可能性を述べるが，観測の問題など一般的問題に対しては詳細な構造指定は必要ない．問題毎に必要に応じて限定する．

　自動変化の作用素 Γ_m の働きは，後に述べる外部記述においては，時間的に不変な扱いとなるので，実質，構造要素と見做される．

2. モナドと状態について：　外部者 (世界の外に立つ者) の観点からすれば，モナドはそれぞれの個別状態を持ち，そのテンソル積 (の重ね合わせ) によって世界状態ができ，それを各モナドがそれぞれの枠から見たものがそれぞれの世界認識である．モナドの世界認識がユニタリー変換 (3) によって相互に結び付けられているのは一つの世界状態を見ているからであると解釈できる．第 4 節で，この解釈による定式化を示す．しかし一つの世界状態というものは簡便な

記述のために後から導入するものであって，モデルの基本要素ではない．モナドはそれぞれの世界認識に基づいて飛躍の確率を決定する．すなわち世界認識はモナドの内部状態である．それに対して各モナドに関係した個別状態はモナドを外から見たときの状態すなわち外部状態である．一つの世界状態という観点での記述は簡便であるが，モナドの外部状態のみが現われることになり，各モナドによる飛躍の確率が世界状態に影響されるという現象の解釈が難しくなる．標語的に述べるなら，モナドは世界状態の構成要素であると同時に世界状態の認識主体である．

3. モナドと物理系との関係について： 本モデルではモナドを特定の素粒子，原子，分子，場，空間領域といったものに結び付けて考えない．モナドの個別状態すなわち外部状態としては，真空状態から始まり任意の素粒子を含みうるあらゆるものを取りうる．また時空的に限定されたものでもない．我々の考える物理系はこのようなモナドが幾つか集まったものと考える．原子のような安定して存在する系は一つのモナドの状態である可能性が高い．複数のモナドにわたっていれば，それは飛躍作用素の働きで，すぐに破壊されるであろう．飛躍作用素の形 (5) から分かるように，それはモナド間の重ね合わせを解く方向に作用するから．

4. モナド間の相互作用について： モナドは相互作用をするか．物理的観点からはするが，哲学的観点からはしないと言える．自動変化の作用素 Γ_m は $\mathcal{H}_{world}$ で定義されており，世界状態の構成要素としてのモナドの間の相互作用を含みうる．しかし本モデルでは Γ_m による変化は世界認識の自動的変化である．自動的変化であるから，モナド間で情報のやり取りは必要なく，したがって，相互作用の必要もないわけである．ただし伝統的な用語法にしたがって，以下で Γ_m の働きを説明する際に，モナド間の相互作用という言葉を使うが，そ

付　録

れはあくまで便宜的な用語法である.

5. モナドの世界認識と枠の関係について :　モナドの世界認識はそれ
ぞれの枠において行なわれる. 枠はモナドの個別状態とは第一義的
には無関係である. ただし枠の飛躍が上記の確率的傾向 (7) を持つ
ことから, モナドの個別状態に緩く関係付けられる. 大雑把に言え
ば, 飛躍の確率は個別状態から定まる本来の枠からの乖離の程度を
表すものと言えるであろう. 乖離がが大きくなるに連れて, 枠の飛
躍への促しが大きくなる. 式 (7) はその促しの程度を表す.

6. 枠の相対性について :　本世界モデルでは絶対枠というものを設
定していない. したがって枠と枠の関係のみが現われる. 枠と枠−
枠関係とは区別がない. 適当な基準枠を取って, それとの関係とし
て枠を表示することは出来る. しかし基準の枠もまた別の枠との関
係で決まるものである. 結局全て枠と枠の関係である. 群 $\mathcal{G}$ はこの
ような意味での相対性を表す. 第 4 節で基準枠による記述法を与え
る. そこでは 群 $\mathcal{G}$ は基礎法則の対称性を表すものとなる. 第 3 節
で行うモデルの限定では群 $\mathcal{G}$ として相対論的対称性を表すものが取
られる.

7. 時間について :　本世界モデルでは時間を表すパラメータが出て
こない. 変化は時間パラメータによってではなく, 代入式によって
実現している. すなわち変数は常に"現在"の値を表している. 物の
状態変化の履歴記述する研究においては代入式は不便であるが, "現
在"が消えてしまう. 物の現在を捉えるためにはこの方式によらね
ばならない. コンピュータの手続き型プログラムにおいて, 代入式
が用いられるのは変数が常に機械の現在の状態を表しているからで
ある. モナドによる枠の選択は常に現在において行なわれるという
ことを表現するために, 代入式を用いるのである. この方式では時

169

間パラメータは履歴表現のために後から構成すべきものとなる．第4節で通常の量子力学との比較のために，それを行う．時間パラメータは時空の 4 番目の座標軸というような物理的実在を表すものではない．

3 相対論的モデル

ここでは枠関係としてローレンツ変換 (量子力学的には $SL(2,C)$ 群となる) を取った相対論的モデルを考える．$\mathcal{G} = SL(2,C)$ とし，これに合わせて $\mathcal{H}$, U, Q および Γ_m の初期値を限定する．ただし N, η の値および他の変数の初期値については何も限定しない．

SL(2,C) 対称性

まず 非斉次 $-SL(2,C) = \{\{a,g\} \mid a \in \mathcal{M}, g \in SL(2,C)\}$ を考える．ただし，$\mathcal{M} = \mathbf{R} \times \mathbf{R}^3$ は Minkowski 空間である．非斉次 $-SL(2,C)$ の群演算は $\{a,g\}, \{b,f\} \in$ 非斉次 $-SL(2,C)$ に対して，

$$\{a,g\}\{b,f\} = \{a + \Lambda(g)b, gf\} \tag{14}$$

と定義される．ここに $\Lambda(g)$ は g に対応する 固有 Lorentz 変換である．

さて，非斉次 $-SL(2,C)$ 対称性を持つ量子力学的構造を最も一般的レベルで決定することを考える [5]．まず 非斉次 $-SL(2,C)$ の一つの表現 $(\mathcal{H}, U)$ が与えられたとする．ここに $\mathcal{H}$ は適当な Hilbert 空間であり，$U(a,g)$ ($\{a,g\} \in$ 非斉次 $-SL(2,C)$) は $\mathcal{H}$ に作用するユニタリー作用素で，非斉次 $-SL(2,C)$ の群演算を保存する．この方式ではエネルギー運動量ベクトル $P = (H, \boldsymbol{P})$ が並進群の表現 $U(x,e)$ (e は $SL(2,C)$ の単位元) の生成子 (Genarator) として定義される．即ち

$$U(x,e) = \exp(ix \cdot P) = \exp(ix^0 H - i\boldsymbol{x} \cdot \boldsymbol{P}) \tag{15}$$

付　録

である．更に質量作用素 $M = \sqrt{P \cdot P}$ が定義される．並進群は可換だから P の各成分は全て互いに可換である．また P の変換性は

$$
\begin{aligned}
&U(a,g)U(x,e)U(a,g)^{-1} \\
&= U(a + \Lambda(g)x, g)U(-\Lambda(g)^{-1}a, g^{-1}) \\
&= U(\Lambda(g)x, e)
\end{aligned} \tag{16}
$$

より

$$
U(a,g)x \cdot PU(a,g)^{-1} = \Lambda(g)x \cdot P = x \cdot \Lambda(g)^{-1}P \tag{17}
$$

即ち

$$
U(a,g)PU(a,g)^{-1} = \Lambda(g)^{-1}P \tag{18}
$$

と分かる．したがってまた

$$
U(a,g)MU(a,g)^{-1} = M \tag{19}
$$

である．P のスペクトル $p = (p^0, \boldsymbol{p})$ は $p \cdot p > 0$, $p^0 > 0$ に入ることを仮定する．

モデルの限定

さて以上のように設定したうえで，枠の群 $\mathcal{G}$ を

$$
\mathcal{G} = SL(2, C) \tag{20}
$$

とする．$\mathcal{G}$ には (両側) 不変測度 ρ が定数倍を除いて一意的に決まる．個別状態の空間 $\mathcal{H}$ としては，表現空間の $\mathcal{H}$ を取る．$\mathcal{G}$ の $\mathcal{H}$ 上での表現は

$$
g \mapsto U(g) = U(0, g) \tag{21}
$$

である．飛躍作用素 $Q(e)$ は

$$
Q(e) = \chi(P/M) \tag{22}
$$

と与える．ただし $\chi(x)$ は超曲面 $\{x \in \mathcal{M} \mid x \cdot x = 1, \, x^0 > 0\}$ 上の有界連続函数で，

$$\chi(x) \geq 0 \quad \text{と} \quad \int_{\mathcal{G}} \chi(\varLambda(g)^{-1}(1, \mathbf{0})) d\rho(g) = 1 \tag{23}$$

を満たすものとする．更に $\chi(x)$ は $x = (1, \mathbf{0})$ で最大値をとり，ある正の数 a に対して $\boldsymbol{x} \cdot \boldsymbol{x} > a$ のとき $\chi(x) = 0$ となることを仮定してもよい．

$Q(g)$ は，第 2 節の数学的注で述べたように，

$$Q(g) = U(g)Q(e)U(g)^{-1} = \chi(\varLambda(g)^{-1}P/M) \tag{24}$$

となる．この設定では Q は四元速度 P/M のファジィなスペクトル分解と見せる．したがって $Q(g)$ は $\varLambda(g)(1, \mathbf{0})$ の近傍へのファジィな射影を表すと考えてよい．このモデルではモナドの飛躍によって四元速度の量子力学的広がりが収縮することになる．

次に $\varGamma_m$ の初期値である．一つのモナド m についての初期値 $\varGamma$ を与え，他のモナドについては関係 (4) によって決定する．これにより，関係 (4) は自動的に満たされる．

$$\varGamma = \exp(i\tau H_{\text{total}}/\hbar) \tag{25}$$

$$H_{\text{total}} = \sum_{i \in \mathcal{W}} H_i + H_{\text{int}} \tag{26}$$

ただし H_i は

$$H_i = I \otimes \cdots I \otimes \overset{i-\text{th}}{H} \otimes I \cdots \otimes I \tag{27}$$

で，H_{int} は C 不変な自己共役作用素である．τ は物理時間の単位を持つ適当な正の定数であるが，ここでは値を特定しない．H_i はモナド i のエネルギーであり，H_{int} はいわゆるモナド間の相互作用を表す (第 2 節の解説 4 参照)．τ は 1 単位 (if 文 1 回分) の変化に対する物理的時間幅を表す．

以上のように指定した $\mathcal{H}$，$\mathcal{G}$，U，Q および $\varGamma$ が公理系に挙げた基本条件を満たすことは容易に確かめられる．

付　録

4　外部記述の導出

通常の量子力学の記述方式に合わせるために，このモナド・モデルに外部的かつ履歴的記述法を与える．

仮想的固定モナドの導入

式 (3) から分かるように変数 $\Psi_i, i \in \mathcal{W}$, は $r(i,j), (i,j) \in \mathcal{W} \times \mathcal{W}$, によって相互に関係付けられている．しかも $r(i,j)$ は式 (9), (10) の関係を持っている．そこで一つのモナド (たとえばモナド 1) の Ψ_1 と $r(i,1), i \in \mathcal{W} - \{1\}$, とによって閉じた記述ができることが分かる．しかしこの記述法ではモナド 1 と他のモナドが異なった取り扱いを受けることになり，不便である．実際，モナド 1 が飛躍した場合と他のモナドが飛躍した場合とで変化の法則が異なり，その分記述が複雑になり，変数の数を減らした意味が余りない．そこである時刻のあるモナドを一つ (たとえばモナド 1) 選んで，そこに重ねて (他のモナドとの関係が同じになるように) 仮想的固定モナドを置く．関係する個別状態空間を持たず，飛躍を行なわないという点を除けば，他のモナドと同じであるとする．これは単に記述の便宜のために導入するものである．これに番号 0 を付け，新たな変数として Ψ_0, $r(i,0)$, $r(0,i), i \in \mathcal{W}$, を導入する．初めに，定数 Γ として Γ_1 の値を取り，さらに

$$\Psi_0 := \Psi_1;$$

for $i \in \mathcal{W}$ do

$\quad r(i,0) := r(i,1);$

$\quad r(0,i) := r(1,i)$

end-for;

とした後，モナド 0 として，先の公理 4 のアルゴリズムに組み込む．すると Ψ_0, $r(i,0), i \in \mathcal{W}$, だけで変化のアルゴリズムが作れること

173

がわかる．すなわち

 for each click do

  if a monad m chooses a $g \in \mathcal{G}$ then

   $\Psi_0 := \Gamma Q_m(\mathsf{r}(m,0)^{-1}g)\Psi_0;$

   $\mathsf{r}(m,0) := g\mathsf{r}(m,0)$

  end-if

 end-for.

モナド 0 は飛躍しないから，アルゴリズムが単純化されている．また，公理 5 での確率も Ψ_0, $\mathsf{r}(i,0), i \in \mathcal{W}$, だけで

$$dP(g) = \frac{\eta \langle \Psi_0, Q_m(\mathsf{r}(m,0)^{-1}g)\Psi_0 \rangle \, d\rho(g)}{\langle \Psi_0, \Psi_0 \rangle} \quad \text{on } \mathcal{G} \tag{28}$$

$$P(\text{no-choice}) = 1 - \eta \tag{29}$$

と表される．

 枠関係 $\mathsf{r}(i,j), (i,j) \in \mathcal{W} \times \mathcal{W}$, および，それぞれのモナドの世界認識 $\Psi_i, i \in \mathcal{W}$, は

$$\mathsf{r}(i,j) = \mathsf{r}(i,0)\mathsf{r}(j,0)^{-1} \tag{30}$$

$$\Psi_i = U(\mathsf{r}(i,0))\Psi_0 \tag{31}$$

の関係から決定される．

 この仮想的固定モナドを使う記述法を外部記述と呼ぶ．これは第 2 節の解説で述べた"一つの世界状態"解釈に適合する記述方式である．これに対し，公理系で述べた記述方式を内部記述と呼ぼう．

時間変数の導入

 記述方式を更に物理学に於ける通常の記述方式に合わせるために，時間変数 s を導入しよう．s は初期設定 (s := 0) の後，上記アルゴリズ

付　録

ムの if 文が実行される度に，1 が加えられるものとする (s := s+1).
そして $N+3$ 個の配列

$$\Psi[\ ], \quad \mathsf{m}[\ ], \quad \mathsf{g}[\ ], \quad \mathsf{r}(i)[\ ], \ i \in \mathcal{W},$$

を用意して，各時刻毎に Ψ_0 の値，選択に関わったモナドの番号，選
択された枠，$\mathsf{r}(i,0)$ の値を順に代入する．プログラムで書けば，

> begin
>> s := 0;
>> $\Psi[0] := \Psi_0 := \Psi_1;$
>> for $i \in \mathcal{W}$ do
>>> $\mathsf{r}(i)[0] := \mathsf{r}(i,0) := \mathsf{r}(i,1)$
>> end-for;
>> for each click do
>>> if a monad m chooses a $g \in \mathcal{G}$ then
>>>> $\mathsf{m}[\mathsf{s}] := m;$
>>>> $\mathsf{g}[\mathsf{s}] := g;$
>>>> s := s + 1;
>>>> $\Psi[\mathsf{s}] := \Psi_0 := \Gamma Q_m(\mathsf{r}(m,0)^{-1}g)\Psi_0;$
>>>> $\mathsf{r}(m,0) := g\mathsf{r}(m,0);$
>>>> for $i \in \mathcal{W}$ do
>>>>> $\mathsf{r}(i)[\mathsf{s}] := \mathsf{r}(i,0)$
>>>> end-for
>>> end-if
>> end-for
> end.

となる．上に述べた if 文についての注釈により s は click の数を数え
るものではなく，if 文の実行回数を数えるものであることに注意せ
よ．配列の値にのみ注目するならば，このプログラムは Ψ_0, $\mathsf{r}(i,0)$
の介在なしに

175

```
begin
    s := 0;
    Ψ[0] := Ψ₁;
    for i ∈ 𝒲 do
        r(i)[0] := r(i, 1)
    end-for;
    for each click do
        if a monad m chooses a g ∈ 𝒢 then
            m[s] := m;
            g[s] := g;
            Ψ[s + 1] := ΓQ_{m[s]}(r(m[s])[s]^{-1}g[s])Ψ[s];
            r(m[s])[s + 1] := g[s]r(m[s])[s];
            for i(≠ m[s]) ∈ 𝒲 do
                r(i)[s + 1] := r(i)[s]
            end-for
            s := s + 1
        end-if
    end-for
end.
```

と表すことが出来る. このプログラム実行の結果, 各配列の値 ($\Psi[s]$ の値を Ψ_s などと表す) は次のような関係を満たすことが分かる.

$$\Psi_{s+1} = \Gamma Q_{m_s}(r_s(m_s)^{-1}g_s)\Psi_s \tag{32}$$

$$r_{s+1}(i) = \begin{cases} g_s r_s(m_s) & \text{if } i = m_s \\ r_s(i) & \text{if } i \neq m_s \end{cases} \tag{33}$$

これは Ψ_s, r_s, m_s, g_s の値から Ψ_{s+1}, r_{s+1} の値を決定する構造になっている. m_s, r_s は, その都度, 確率的に決定される. その確率法則は以下のようになる. 結果だけ述べる (詳細な計算過程は補足参照の

付　録

こと). Prob(· | ·) は条件付き確率である.

$$
\begin{aligned}
&\text{Prob}(m_s = m, g_s \in dg \mid \Psi_s, r_s) \\
&= \frac{1}{N} \frac{\langle \Psi_s, Q_m(r_s(m)^{-1}g)\Psi_s \rangle \, d\rho(g)}{\langle \Psi_s, \Psi_s \rangle}
\end{aligned} \tag{34}
$$

このように, 時間パラメータ s の関数として表した $\Psi_s, r_s(j), m_s, g_s$ については閉じた記述が可能になる. これを時間パラメータを持つ外部記述という. システムの状態変化を追いかける類の物理の問題に対してはこの記述方式が有用である (以下の二つの節では主にこの方式が使われる).

確率の表式 (34) で注目すべき点は飛躍率定数 η が消えてしまっていることである. これは時間を数える変数 s が, if 文が実行されたとき, すなわち, いずれかのモナドが飛躍したときにのみ増えるように定義したからである. これはユニタリー作用素 Γ が作用した回数によって時間を計ることでもあり, 我々の通常の計り方と一致するものである. 変化によって時間を計るかぎり η を決定する方法はない.

時間パラメータ s は相対論モデルによるならば, 世界固有時を幅 τ で計ったものである. そこで s を自然時間, $s\tau$ を物理時間ということにする.

変化の式 (32) は物理時間で τ 毎に非ユニタリーな飛躍が入る点を除けば, 通常の量子力学的変化と同様にユニタリー時間変化をなす. しかも以下の節で議論されるように, 通常の物理学が対象とする微視的系においては, この τ 毎の飛躍はほとんど影響を与えない.

対称性

上に求めた時間変化の基礎方程式系 (32)-(34) は $\mathcal{G}$ 不変である. すなわち $f \in \mathcal{G}$ に対して

$$
\Psi_s \quad \rightarrow \quad \Psi_s' = U(f)\Psi_s \tag{35}
$$

$$r_s(i)[s] \quad \rightarrow \quad r'_s(i) = r(i)f^{-1} \quad , \ i \in \mathcal{W}, \tag{36}$$

$$\Gamma \quad \rightarrow \quad \Gamma' = U(f)\Gamma U(f^{-1}) \tag{37}$$

と置き換えたとき，r'_s，Ψ'_s は m_s，g_s の確率法則も含めて r_s，Ψ_s と全く同じ法則に従う．この意味で群 $\mathcal{G}$ はモデルの基本的対称性を与えるものとなる．この対称性はモナド間の関係の群論的構造の結果である．

　前節の相対論的モデルについて言えば，外部記述の基礎方程式系は相対論的対称性を持ち，"相対論的"という言葉の使い方が通常のものと一致することが分かると同時に相対性原理のモナド・モデルによる解釈法も示している．

5　部分世界と時間

定義　世界 $\mathcal{W}$ の 2 分割 $\{\mathcal{W}_1, \mathcal{W}_2\}$（$\mathcal{W}_1 \subset \mathcal{W}$ および $\mathcal{W}_2 = \mathcal{W} - \mathcal{W}_1$）に対して，$\mathcal{W}_1$，$\mathcal{W}_2$ の関わる状態空間を

$$\mathcal{K}_1 = \bigotimes_{i \in \mathcal{W}_1} \mathcal{H} \quad \text{および} \quad \mathcal{K}_2 = \bigotimes_{i \in \mathcal{W}_2} \mathcal{H} \tag{38}$$

と置く．$\mathcal{K}_2$，$\mathcal{K}_1$ の上のユニタリー作用素 Γ_1，Γ_2 および部分空間 $K_1 \subset \mathcal{K}_1$，$K_2 \subset \mathcal{K}_2$ が存在して，次の条件を満たすとする．

$$Q_m(g)K_1 \subset K_1 \quad \text{and} \quad Q_{m'}(g)K_2 \subset K_2$$
$$\text{for any } g \in \mathcal{G}, m \in \mathcal{W}_1, m' \in \mathcal{W}_2 \tag{39}$$

$$\Gamma_1 K_1 \subset K_1 \quad \text{and} \quad \Gamma_2 K_2 \subset K_2 \tag{40}$$

$$\Gamma(\Phi \otimes \Xi) \approx \Gamma_1 \Phi \otimes \Gamma_2 \Xi \quad \text{for any } \Phi \in K_1, \ \Xi \in K_2 \tag{41}$$

（ここで Q_m，$Q_{m'}$ の定義は式 (5) を $\mathcal{W}_1$，$\mathcal{W}_2$ に制限したものである．）このとき，$\mathcal{W}_1$，$\mathcal{W}_2$ は $\{\Gamma_1, K_1; \Gamma_2, K_2\}$ に関して，分離しているという．また，$\mathcal{W}_1$，$\mathcal{W}_2$ を部分世界という．

178

付　録

注 1.　ここで，近似等号を使っていることから分かるようにこれは近似的概念である．

注 2.　$\mathcal{W}_1$, $\mathcal{W}_2$ は $\{\Gamma_1, K_1; \Gamma_2, K_2\}$ に関して分離しているならば，任意の $g \in \mathcal{G}$ に対して，$\{U(g)\Gamma_1 U(g^{-1}), U(g)K_1; U(g)\Gamma_2 U(g^{-1}), U(g)K_2\}$ に関して分離している．

　さて，部分世界 $\mathcal{W}_1$, $\mathcal{W}_2$ が上記の意味で分離しているとする．時間パラメータ s を持つ外部記述において，時刻 0 における世界状態 Ψ_0 が，次のように書かれるとき

$$\Psi_0 = \Phi \otimes \Xi \quad (\Phi \in K_1,\ \Xi \in K_2) \tag{42}$$

上の定義から，しばらくの間はこの関係が成り立つ．$\Psi_s = \Phi_s \otimes \Xi_s$ と置いて，時間的変化の方程式 (32) を書いてみると，分離の仮定より

$$\Phi_{s+1} \otimes \Xi_{s+1} = \Gamma_1 Q_{m_s}(g_s)\Phi_s \otimes \Gamma_2 \Xi_s \tag{43}$$

となる．第一成分だけについて見ると

$$\Phi_{s+1} = \begin{cases} \Gamma_1 Q_{m_s}(g_s)\Phi_s & \text{if } m_s \in \mathcal{W}_1 \\ \Gamma_1 \Phi_s & \text{if } m_s \notin \mathcal{W}_1 \end{cases} \tag{44}$$

と表せる．これに対応して，式 (33) も

$$r_{s+1}(i) = \begin{cases} g_s r_s(m_s) & \text{if } i = m_s \in \mathcal{W}_1 \\ r_s(i) & \text{if } i(\neq m_s) \in \mathcal{W}_1 \end{cases} \tag{45}$$

と $\mathcal{W}_1$ に制限できる．

　また確率の式 (34) は次のように変形される (導出の詳細は補足参照のこと)．

$$\begin{aligned} &\text{Prob}(m_s = m, g_s \in dg \mid m_s \in \mathcal{W}_1, \Phi_s, r_s) \\ &= \frac{1}{n_1} \frac{\langle \Phi_s, Q_m(r(m)^{-1}g)\Phi_s \rangle \, d\rho(g)}{\langle \Phi_s, \Phi_s \rangle} \end{aligned} \tag{46}$$

179

ただし $n_1 = |\mathcal{W}_1|$ である．式 (44)-(46) より $\mathcal{W}_1$ だけで閉じた記述が可能なことが分かる．$\mathcal{W}_2$ の存在は単に単位時間当たりの非ユニタリーな飛躍の起こる割合に影響するだけである．それは自然時間の 1 単位あたり n_1/N である．物理時間単位では $n_1/N\tau$ である．$\mathcal{W}_2$ の側から見ても同様な議論が成り立つ．

ここで，時間パラメータ s は後から構成されたものであることを思い起こそう．s はモナドの飛躍によって一単位ずつ推進されるものである．したがって内部的記述で見るならば，時間の推進はそれぞれの世界に属するモナドの飛躍により共通に起こるので，時間の推進に関しては互いに影響しあっていることになる．$\mathcal{W}_1$ での飛躍を含まないユニタリーな変化は $\mathcal{W}_2$ のモナドによって引き起こされたものである．

特に $|\mathcal{W}_1| \ll |\mathcal{W}_2|$ のとき，時間の推進は殆ど $\mathcal{W}_2$ のモナドの飛躍によって起こされるため，$\mathcal{W}_1$ においては，時間の推進は外から与えられたものとなり，状態の変化は殆どユニタリーなものとなる．ときどき (物理的時間の単位当たり，$n_1/\tau N$ の確率で)，$\mathcal{W}_1$ 内のモナドによる，非ユニタリーな飛躍が加わるということになる．

このモデルでは $\mathcal{W}_1$ における時間は自己の努力とは無関係に進展すると感ぜられることになる．これは我々が経験する"流れる今"を説明するものである．

6　巨視系と観測過程

ここでは，観測問題を，端的に，Schrödinger の猫のような巨視的に区別される複数の状態の重ね合わせが，長時間存在しえず，重ね合わせが生成されると直ちに，どれか一つの分枝に，重ね合わせ係数の絶対値の二乗に比例する確率で，収縮することを示すことによって解決する．

まず物理系を上述の意味で部分世界を形成するモナドの集合体 $\mathcal{W}_{\text{sys}}$

付　録

であると考える.

$$n = |\mathcal{W}_{\text{sys}}| \tag{47}$$

と置く. この n が巨視性の指標になる. 以下, 時間パラメータを持つ外部記述を使う.

$\mathcal{W}_{\text{sys}}$ の状態は各自然時間単位毎にユニタリーな変化を受けると同時に確率 n/N で非ユニタリーな飛躍が重なる. ユニタリーな変化だけの時の状態の推移を s の関数で, Φ_s と表す. 時刻 $s = 0$ で, 状態が, ユニタリー変化の結果, 次のような重ね合わせになったとしよう.

$$\Phi_0 = \sum_i a_i \Phi_0^i \quad (\sum_i |a_i|^2 = 1, \ \|\Phi_0^i\| = 1) \tag{48}$$

ユニタリー変化によって, これは $s > 0$ で

$$\Phi_s = \sum_i a_i \Phi_s^i \tag{49}$$

となる. ここで各分枝 Φ_s^i は $s \geq 0$ で次の "飛躍作用素 Q に関する区別の条件" を満たすものとする.

$$D(\Phi_s^i) \cap D(\Phi_s^j) = \emptyset \quad \text{if } i \neq j \tag{50}$$

ただし

$$D(\Phi) = \{g \in \mathcal{G} \mid \exists m \in \mathcal{W}_{\text{sys}} \ \text{s.t.} \ Q_m(g)\Phi \neq 0\} \tag{51}$$

これは直交性の条件より強い条件である.

次に非ユニタリー変化の効果を見る. 時刻 $s - 1$ で, $\mathcal{W}_{\text{sys}}$ のいずれかのモナド (たとえば m) が飛躍をなせば, 状態は次のように変化する.

$$\Phi_{s-1} \to Q_m(g)\Phi_s = \begin{cases} a_i \Phi_s^i & \text{if } g \in D_i \\ 0 & \text{otherwise} \end{cases} \tag{52}$$

このように状態はいずれか一つの分枝に遷移する. もちろん公理により otherwise の選択はおこなわれない.

181

時刻 0 で上の状態であったものが，時刻 $s\ (\geq 1)$ までに分枝 i に落ち着く確率 $P_i(s)$ を求める．

$$P_i(s) = \mathrm{Prob}\Big(\bigcup_{k=1}^{s}\big\{m_0 \notin \mathcal{W}_{\mathrm{sys}}, \ldots, m_{k-2} \notin \mathcal{W}_{\mathrm{sys}},$$

$$m_{k-1} \in \mathcal{W}_{\mathrm{sys}}, g_{k-1} \in D(\Phi_k^i)\big\} \mid \Phi_0\Big)$$

$$= \sum_{k=1}^{s}\Big(\frac{N-n}{N}\Big)^{k-1}\frac{1}{N}\sum_{m\in\mathcal{W}_{\mathrm{sys}}}\int_{D(\Phi_k^i)}\frac{\langle \Phi_k, Q_m(g)\Phi_k\rangle}{\langle \Phi_k, \Phi_k\rangle}d\rho(g)$$

積分の部分は

$$\int_{D(\Phi_k^i)}\frac{\langle \Phi_k, Q_m(g)\Phi_k\rangle}{\langle \Phi_k, \Phi_k\rangle}d\rho(g)$$

$$= \int_{D(\Phi_k^i)}|a_i|^2\,\big\langle \Phi_k^i, Q_m(g)\Phi_k^i\big\rangle\,d\rho(g)$$

$$= \int_{\mathcal{G}}|a_i|^2\,\big\langle \Phi_k^i, Q_m(g)\Phi_k^i\big\rangle\,d\rho(g) = |a_i|^2 \qquad (53)$$

と計算される．ここで二つ目の等号では D の定義 (51) から

$$Q_m(g)\Phi_k^i = 0 \quad \text{for } g \notin D(\Phi_k^i) \qquad (54)$$

を使った．したがって

$$\begin{aligned}
P_i(s) &= \sum_{k=0}^{s-1}\sum_{m\in\mathcal{W}_{\mathrm{sys}}}\Big(\frac{N-n}{N}\Big)^k\frac{1}{N}|a_i|^2\\
&= \sum_{k=0}^{s-1}\Big(\frac{N-n}{N}\Big)^k\frac{n}{N}|a_i|^2\\
&= \{1-(1-n/N)^s\}|a_i|^2\\
&\to |a_i|^2 (s\to\infty)
\end{aligned} \qquad (55)$$

（s が十分大きいとき $P_i(s) \sim \{1-e^{-ns/N}\}|a_i|^2$）

すなわち，十分大きな s で，確率 $|a_i|^2$ で，分枝 i に落ち着く．

付 録

　ここでこの十分大きな s が物理時間 t でどの程度になるか評価してみよう．s と t の間には自然時間 1 単位に対応する物理時間の長さ τ を使って

$$s = t/\tau \tag{56}$$

の関係がある．
　いずれかの分枝に落ち着く確率

$$P(s) = \sum_i P_i(s) = 1 - (1 - n/N)^s \tag{57}$$

が $1 - e^{-100}$ となる時間 t を求める．

$$(1 - n/N)^{t/\tau} = e^{-100} \tag{58}$$

すなわち

$$t = \frac{-100\tau}{\log(1 - n/N)} \sim \frac{-100\tau N}{n} \tag{59}$$

ここで，$\tau N \sim 10$ sec とするならば，巨視系として，$n \sim 10^{23}$ を取れば，極く短時間のうちに，重ね合わせの状態は解消されることが分かる．また微視系として，$n \sim 1$ を取れば，これまた，微視的には十分長い間重ね合わせの状態が維持されることが結論される．
　ここで注意すべきは，重ね合わせが解消されるのは，上述のごとく Q に関して区別される状態だけであるという点である．たとえば一つのモナドに属する原子や分子の状態はモナドの飛躍によって通常は破壊されないであろう．
　$n = 1$ の単一モナド系に対して非ユニタリーな飛躍の確率を測定して，τN は決定できるかも知れないが，τ と N を別々に決定する方法は今のところない．(なお前論文 [1] での μ はここでの $1/\tau N$ に相当することを注意しておく．)

7　終わりに

　モナド・モデルは，現代物理学が暗に否定している三つの概念，

183

自己同一性を持つシステム (モナド)

　　　流れる時間 (各モナドが持っている同期した時計)

　　　自由意志 (各モナドによる飛躍枠の選択)

を初めから要素的な形で組み込んでいる．これらのものを物理理論の中に取り入れる必要があるという話はときどき聞くところであるが，未だかつて，理論として実現しえたものは見たことがない．それはこれらが元々複雑な人間的概念であり，しばしば神秘的に語られたりする．それをそのまま持ち込もうとするため，物理理論との整合性がなくなり，うまく行かなくなるのである．また物理の側からすれば，これらは物質の高次機能であり，物理の基礎理論から説明されるべきものという見方に立つべきものとなる．筆者はこの見方に 99 ％ あるいはそれ以上賛成なのであるが，100 ％ ではない．これらの概念の核となるものは要素的な形で物理理論に初めから組み込まれるべきであると考える．本論文におけるモナド・モデルでは，これらの概念の持つ人間的な側面，神秘的な特徴を徹底的に排除し，最も基本的部分を取りだし，形式化，数学化した．そして物理学の基礎理論と整合性を持つ理論体系を作った．

　本モナド・モデルによれば，観測の問題は，一つの練習問題であり，もはやこの問題のために，神秘的あるいは哲学的贅言を要する必要はなくなると筆者は考える．

　モナド・モデルの今後の課題について述べる．

1. 統計力学の基礎付について：　本モナド・モデルでは物理系をモナドの集合体としてとらえるので，単に量子力学の解釈だけでなく，現実の物理系の量子力学的記述そのものに影響を与える．微視系については，上述のようにこの影響はほとんどなく，通常の量子力学的記述で間に合う．巨視系については，モナドの集合体としての影響が現われるから，記述にはモナド構造が反映されなければならない．

付　録

巨視系の記述に単純な量子力学ではなく，量子統計力学が必要になる原因は，物質のモナド構造にあると筆者は予想している．モナド・モデルによって，量子統計力学を基礎付けることは今後の最重要課題の一つである．

2. モナドと精神について：　人間の精神活動のほとんどは機械 (頭脳 = コンピュータ) として理解できる．すなわちアルゴリズム化できると考える．とりわけ，無意識的行動は 100 ％ 機械であると考える．しかし，先にも述べたように，意志意識の最終的根拠はモナドによる飛躍と世界認識にあると筆者は考える．そこで，脳の中にはモナドの原始的意志意識を拡大する装置があるはずであると考えなければならなくなる (このような考えはライプニッツ的ではなくデカルト的であるという指摘を哲学者の G. Globus 教授からいただいた [6]．確かにそうかも知れないが，本論文の主旨からして，それはどちらでもよいことである)．現時点において，それがどのようなものになるかは全く見当もつかないが，当面の課題として，モナド・モデルの中で，このような装置の理論的可能性を示すことが挙げられる．

3. モナド・モデルの相対化：　自然はその基礎的構造を高次の段階で真似るという現象があるように思われる．たとえば古典力学における正準構造は量子力学における正準構造を受け継いだもの，中間子による核力の媒介は力を媒介するより基礎的なボーズ粒子を真似たものなどである．あるいは別の例では，単細胞の生活形態を多細胞生物は真似ているし，社会システムは個体の生活システムを真似ているところがある．類推して，意志や意識もより基本にあるべきモナドの構造を真似ているのかも知れない．このように考えると，モナド・モデルを一つの特定の世界モデルとしてではなく，様々なモデルの型として捉え，いろいろなレベルでの現象に適用できる，いろいろなモデルを製造することが出来るであろう．もちろんこれら

185

は，古典力学や中間子論がそうであるように，近似理論である．このようにモナド・モデルを相対化することも楽しい課題の一つである．筆者はこの方向で一つ論文を書いている [2].

謝辞

本論文の基本的アイデアは筆者がポーランドのコペルニクス大学滞在中に発表したものであるが，その時はインガルデン教授の絶大なる励ましによって，できたのであるが，筆者としても幾つかの不満点もあり，そのままにしておくうちに，忘れかけていたところ，今回は畏友保江邦夫 [7] のこれまた絶大なる励ましと理解を得，再考の上，大幅な改良を加え，筆者としてはほぼ満足できる論文が仕上がることになった次第である．ここに大いに感謝するところである．

補足 A. 式 (34) の導出

$$\mathrm{Prob}(m_s = m, g_s \in dg \mid \Psi_s, r_s) = \sum_{S:(m \in S \subset \mathcal{W})} P_1 P_2(S) P_3(S)$$

ここで $m \in S \subset \mathcal{W}$ なる S に対して

$$P_1 = \mathrm{Prob}(\text{モナド } m \text{ が } dg \text{ の枠を選択} \mid \text{モナド } m \text{ が飛躍})$$

$$P_2(S) = \mathrm{Prob}(\text{モナド } m \text{ が優勢となる}$$
$$\mid S \text{ のモナドが飛躍を選択し，}$$
$$\text{他は no-choice})$$

$$P_3(S) = \mathrm{Prob}(S \text{ のモナドが飛躍を選択し，他は no-choice}$$
$$\mid \text{いずれかのモナドが飛躍を選択})$$

付　録

である．公理 5 において，モナド m が飛躍する確率は η であること及び $\Psi_m = U(r(m))\Psi_s$ を考慮し，

$$P_1 = \frac{dP(g)}{\eta} = \frac{\langle \Psi_s, Q_m(r(m)^{-1}g)\Psi_s \rangle \, d\rho(g)}{\langle \Psi_s, \Psi_s \rangle}$$

を得る．また同時に飛躍を選択したモナドの集合 S の内どれか一つに当たるのは全くランダムであるから

$$P_2(S) = \frac{1}{|S|}$$

である．いずれかのモナドが飛躍を選択する確率は $1 - (1-\eta)^N$ であるから

$$P_3(S) = \frac{\mathrm{Prob}(S \text{ のモナドが飛躍を選択し，他は no-choice})}{\mathrm{Prob}(\text{いずれかのモナドが飛躍を選択})}$$

$$= \frac{\eta^{|S|}(1-\eta)^{N-|S|}}{1 - (1-\eta)^N}$$

となる．以上より

$$\mathrm{Prob}(m_s = m, g_s \in dg \mid \Psi_s, r_s)$$
$$= P_1 \sum_{S:(m \in S \subset \mathcal{W})} P_2(S)P_3(S)$$
$$= P_1 \sum_{n=1}^{N} {}_{N-1}C_{n-1} \frac{1}{n} \frac{\eta^n(1-\eta)^{N-n}}{1 - (1-\eta)^N}$$
$$= P_1 \frac{1}{N}$$

となって，式 (34) を得る．

補足 B. 式 (46) の導出

式 (34) は

$$\mathrm{Prob}(m_s = m, g_s \in dg \mid \Psi_s, r_s)$$
$$= \frac{1}{N} \frac{\langle \Psi_s, Q_m(r_s(m)^{-1}g)\Psi_s \rangle \, d\rho(g)}{\langle \Psi_s, \Psi_s \rangle}$$

であった．ここで $\Psi_s = \Phi_s \otimes \Xi_s$ と置く．

$$= \frac{1}{N} \frac{\langle \Phi_s \otimes \Xi_s, Q_m(r(m)^{-1}g)\Phi_s \otimes \Xi_s \rangle \, d\rho(g)}{\langle \Phi_s \otimes \Xi_s, \Phi_s \otimes \Xi_s \rangle}$$

$$= \begin{cases} \dfrac{1}{N} \dfrac{\langle \Phi_s, Q_m(r(m)^{-1}g)\Phi_s \rangle \, d\rho(g)}{\langle \Phi_s, \Phi_s \rangle} & \text{if } m \in \mathcal{W}_1 \\[3mm] \dfrac{1}{N} \dfrac{\langle \Xi_s, Q_m(r(m)^{-1}g)\Xi_s \rangle \, d\rho(g)}{\langle \Xi_s, \Xi_s \rangle} & \text{if } m \in \mathcal{W}_2 \end{cases}$$

上式を $m \in \mathcal{W}_1$ について加え，$g \in \mathcal{G}$ について積分して

$$\mathrm{Prob}(m_s \in \mathcal{W}_1 \mid \Psi_s, r_s) = n_1/N \quad (n_1 = |\mathcal{W}_1|)$$

をうる．そして $m_s \in \mathcal{W}_1$ のとき，$m_s = m$ and $g_s \in dg$ となる確率は Ξ_s に依らないから

$$\mathrm{Prob}(m_s = m, g_s \in dg \mid m_s \in \mathcal{W}_1, \Phi_s, r_s)$$
$$= \mathrm{Prob}(m_s = m, g_s \in dg \mid m_s \in \mathcal{W}_1, \Psi_s, r_s)$$
$$= \frac{\mathrm{Prob}(m_s = m, g_s \in dg \mid \Psi_s, r_s)}{\mathrm{Prob}(m_s \in \mathcal{W}_1 \mid \Psi_s, r_s)}$$
$$= \frac{1}{n_1} \frac{\langle \Phi_s, Q_m(r(m)^{-1}g)\Phi_s \rangle \, d\rho(g)}{\langle \Phi_s, \Phi_s \rangle}$$

となって，式 (46) を得る．

参考文献

[1] Nakagomi, T.,"Quantum Monadology: A World Model to Interpret Quantum Mechanics and Relativity," Open Syst. Inform. Dyn., Vol.1, 355 (1992).

[2] Nakagomi, T.,"Feeling Decision Systems and Quantum Mechanics," Cybernet. Syst., Vol.26, 601 (1995).

[3] Leibniz, G.W., *Moladology*(1714) 単子論 (河野与一訳)(岩波書店，東京, 1951).

付　録

[4] Giles, R., *Mathematical Foundations of Thermodynamics* (Pergamon, Oxford, 1964).

[5] Streater, R.F. and Wightman, A.S., *PCT, Spin and Statistics, and All That*(Benjamin, Reading, 1978).

[6] Globus,G., 私信 1996.

[7] 保江邦夫, 私信 1996. 彼からは, また, 「モナド」という言葉には様々なしがらみがまとわりついていて, あらぬ先入観を与えて, 誤解を受けやすいから, 別の名前, 例えば「Ω構造理論」（究極の構造の意）などが良いのではないかという指摘を受けているが, 筆者の思い入れもあり, 敢て「モナド」を採用した. 読者のご意見を請う.

著者：保江 邦夫（やすえ くにお）

岡山県生まれ．
東北大学で天文学を，京都大学と名古屋大学で数理物理学を学ぶ．
スイス・ジュネーブ大学理論物理学科講師，東芝総合研究所研究員，
ノートルダム清心女子大学大学院人間複合科学専攻教授を歴任．
大東流合気武術佐川幸義宗範門人．
著書は『数理物理学方法序説（全8巻＋別巻）』（日本評論社），『武
道の達人』『量子力学と最適制御理論』『脳と刀』『合気眞髄』（以上，
海鳴社），『魂のかけら』（佐川邦夫＝ペンネーム，春風社）など多数．
カトリック隠遁者エスタニスラウ師から受け継いだキリスト活人
術を冠光寺眞法と名づけ，それに基づく柔術護身技法を岡山，東京，
神戸，名古屋で指南している（連絡先 / kkj@smilelifting.com）．

神の物理学

2017 年 11 月 15 日　第 1 刷発行
2017 年 12 月 25 日　第 2 刷発行
2023 年 2 月 17 日　第 4 刷発行

発行所：㈱海 鳴 社　http://www.kaimeisha.com/
〒 101-0065　東京都千代田区西神田 2 - 4 - 6
E メール：info@kaimeisha.com
Tel.：03-3262-1967 Fax：03-3234-3643

発 行 人：辻 信 行
組 版：海 鳴 社
印刷・製本：シ ナ ノ

JPCA

本書は日本出版著作権協会（JPCA）が委託管
理する著作物です．本書の無断複写などは
著作権法上での例外を除き禁じられていま
す．複写（コピー）・複製，その他著作物の
利用については事前に日本出版著作権協会
（電 話 03-3812-9424，e-mail:info@e-jpca.
com）の許諾を得てください．

出版社コード：1097
ISBN 978-4-87525-336-5

© 2017 in Japan by Kaimeisha
落丁・乱丁本はお買い上げの書店でお取替えください

量子医学の誕生

保江邦夫／がんや新型ウイルス感染症に対する新物理療法への誘い。1800 円

オイラーの無限解析

L. オイラー著・高瀬正仁訳／「オイラーを読め，オイラーこそ我らすべての師だ」とラプラス。芸術的と評されるラテン語原書第 1 巻の翻訳。5000 円

オイラーの解析幾何

L. オイラー著・高瀬正仁訳／本書でもってオイラーの『無限解析序説』の完訳！図版 149 枚で，曲線と関数の内的関連を論理的に明らかにする。10000 円

四元数の発見

矢野　忠／ハミルトンが四元数を考案した創造の秘密に迫る。また回転との関係を詳述。2000 円

オリバー・ヘヴィサイド　ヴィクトリア朝における電気の天才・その時代の業績と生涯

P・ナーイン著，高野善永訳／マックスウェルの方程式を今日知られる形にした男。独身・独学の貧しい奇人が最高レベルの仕事をし，権力者や知的エリートと堂々と論争。5000 円

銀河宇宙観測の最前線　「ハッブル」と「すばる」の壮大なコラボ

谷口義明／日本が誇る光学・赤外線望遠鏡「すばる」。その真価が国際プロジェクト「コスモス」を通じて世界の天文界にとどろいた。著者らの血の滲むような努力と，深宇宙における銀河宇宙進化の研究を，ドキュメント風に伝える。1600 円

宇宙を見た人たち　現代天文学入門

二間瀬敏史／日本が誇る光学・赤外線望遠鏡「すばる」。その真価が国際プロジェクト「コスモス」を通じて世界の天文界にとどろいた。著者らの血の滲むような努力と，深宇宙における銀河宇宙進化の研究を，ドキュメント風に伝える。1600 円

量子力学と最適制御理論　確率量子化と確率変分学への誘い

保江邦夫／最小作用の原理は原子以下の微視的スケールでも基本法則として成り立つ！　それを基盤に量子力学を根底から記述し直す。5000 円

（本体価格）